基于降维算法的结构可靠性研究

冯昕宇　著

中国原子能出版社

图书在版编目（CIP）数据

基于降维算法的结构可靠性研究 / 冯昕宇著.

北京 ：中国原子能出版社, 2024. 6. -- ISBN 978-7
-5221-3495-6

Ⅰ. TB114.33

中国国家版本馆 CIP 数据核字第 2024SH9766 号

基于降维算法的结构可靠性研究

出版发行	中国原子能出版社（北京市海淀区阜成路 43 号　100048）	
责任编辑	王　蕾	
责任印制	赵　明	
印　　刷	河北宝昌佳彩印刷有限公司	
经　　销	全国新华书店	
开　　本	787 mm×1092 mm　1/16	
印　　张	9	
字　　数	134 千字	
版　　次	2024 年 6 月第 1 版　2024 年 6 月第 1 次印刷	
书　　号	ISBN 978-7-5221-3495-6　　　　**定　价　82.00** 元	

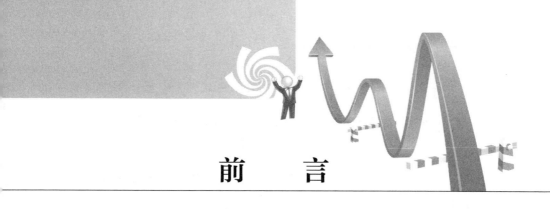

前　言

结构的性能，在工程实际工作过程中会受到来自材料属性、几何参数、强度、载荷等诸多不确定因素的不同程度的影响。因而，合理地处理结构可靠性分析问题是非常必要的。传统的结构可靠性分析中，可以用概率模型来描述不确定性变量，然而此类变量需要大量的样本数据来确定其服从的分布类型及变量所对应的概率密度函数，且在计算过程中较小的计算误差将会导致结果失真。非概率模型对于样本数据的统计要求并没有概率模型那么高，可建立较为简单的不确定性模型对结构进行有效的分析。而针对工程实践中，含有混合不确定性变量且同时存在多种失效模式的复杂结构来说，此时则需要用到结构系统可靠性分析模型进行有效求解；与此同时，在进行结构（系统）可靠性问题求解的过程中发现，不同的混合不确定性变量对于引起复杂结构的失效所起到的作用并不完全相同，不同类型的不确定性变量对结构（系统）的可靠性分析与结构可靠性灵敏度分析结果各不相同。

为此，本书基于降维算法，建立了概率结构可靠性分析模型及主客观混合不确定性变量的结构可靠性分析模型，以及相应的简化模型。在此基础上，构建了结合泰勒展开法与混合概率估算技术的结构系统可靠性分析模型。与此同时，建立了与简化模型相应的结构可靠性灵敏度分析模型。在一定程度上拓展了目前的结构可靠性分析问题的计算方法。

本书主要有如下几方面的内容：

1. 基于降维算法的结构概率可靠性分析模型

针对工程实际中存在结构功能函数为隐式或高维非线性的复杂结构，结合 Edgeworth 级数方法，提出了一种新的结构可靠性分析模型。数值算例充分体现了降维算法求解结构可靠性的优点，不需要求解结构功能函数的导数，以及不需要迭代搜索最可能失效点（Most Probable Failure Point，MPP）等，在进行结构可靠性分析时具有较高的计算精度。

2. 基于降维算法的主客观混合不确定性可靠性分析模型

结构中不确定性参数存在同时含有主观不确定性与客观不确定性的情况，可分别运用随机变量、区间变量、模糊变量来描述结构所具有的不确定性变量，从而建立结构可靠性分析统一模型。该模型既适用于随机–模糊–区间变量共存的结构可靠性分析问题，也同样适用于结构中含有随机–区间变量与随机–模糊变量的可靠性分析问题。该模型充分考虑到结构中主客观混合不确定性变量并存的情况，克服了仅单独运用传统概率可靠性模型与仅单独运用非概率模型的局限性；避免了区间运算中存在的扩张现象。为现有的主客观混合不确定性可靠性分析提供了一种新思路。

3. 在研究随机–区间变量共存的结构可靠性分析模型的基础上，基于降维算法与混合概率网络估算技术，提出了与随机–区间变量共存的结构可靠性分析模型相对应的结构系统可靠性分析模型

结合降维算法与泰勒展开法、变量转换、Gauss-Hermite 积分与 Edgeworth 级数，计算出各失效模式的失效概率区间，同时还考虑到各失效模式间的相关性，并推导了各失效模式间相关系数公式，对相关系数公式运用泰勒展开法，从而获得失效模式间相关系数区间表达式；再通过混合概率网络估算技术计算结构系统的可靠度指标区间。最后通过数值算例与工程实例，验证了该模型的正确性与可行性。

　　4. 在研究了主客观混合不确定性分析模型的基础上，更进一步地提出了与之相对应的混合不确定性变量的结构可靠性灵敏度分析模型

　　利用已构建的含随机－区间变量的简化模型，并考虑函数统计矩与结构可靠度指标间的关系；结合函数求导法则，推导出结构功能函数降维后的 n 个一维函数原点矩、结构功能函数原点矩、中心矩对基本随机变量的灵敏度区间公式，进而获得结构功能函数失效概率区间对基本随机变量的灵敏度公式。该模型为解决含有随机－区间变量的结构可靠性灵敏度分析提供了一种新途径。

目　录

第1章
绪　论

1.1　可靠性研究的背景和选题意义

工程实践中对于结构可靠性的研究是一个相当活跃的课题，在实际工程中结构的可靠性与安全性有着重要地位。随着科技的不断进步，结构可靠性理论已在实际工程领域中得到了广泛应用，人们对可靠性的研究已经从航空航天、核技术、电子技术等尖端科技领域拓展到冶金、化工、机械设备、汽车行业等工业产品研发设计、制造、使用、维护等各个环节中。结构可靠性理论的不断发展对于结构可靠性设计、优化等方面具有深远意义。

在实际工程中，虽然事物的不确定性现象是客观存在的，但由于会受到诸多不确定性因素的影响，且不确定性因素产生的机理以及所代表的物理意义各不相同，可用随机性、模糊性、未确知性来描述结构中所具有的诸多不确定性因素。随机性是事件在发生前，其结果是不可预测的。由于因果关系不确定而具有一定的不确定性，可用概率分析方法进行讨论；随机可靠性理论以及相应的计算方法已得到快速发展，也应用于许多工程实践问题之中，但该理论具有较大的局限性，在解决实际问题中仅考虑了一种随机性，并不能全面真实的描述结构可靠性问题。随机可靠性理论对于结构安全状态的界定，尚未考虑到存在中间过渡状态，而只是简单界定为非此即彼的情况；模糊性是事物固有的属性，事物由于受到排中律的影响，导致其边界存在一定的不清晰性，表现在该事物所具有的含义、论域等不能明确界限，从而导致边界不清楚而造成的；未确知性是指人们在实际工程中研究客观事物时，由于对所研究的样本统计数据比较匮乏甚至无法获得，因而产生了主观认识上的不确定性。可运用主观不确定性可靠性分析模型进行求解。目前，针对工程设计中存在的上述不确定性变量问题的分析，已有不同的研究处理方法，并且与之相应的可靠性设计分析理论也随之应运而生。

在实际的工程应用中，结构可靠性分析理论可分为两个层次，一是结构构件可靠性理论；二是将构件看作是组成结构的系统，从而建立结构系统可靠性理论。结构不仅具有一种失效模式，通常具有多种破坏模型，为了研究可能发生的多种失效模式，结构系统可靠性分析即从系统的观点出发研究结构可靠性，它是可靠性问题研究的重要领域之一，该研究始于 20 世纪 70 年代，目前仍在蓬勃发展当中。在进行结构设计优化与评估的过程中，其理论也在不断的完善与发展。

因此，研究结构可靠性分析并且探索其计算方法是非常有必要的，其能够更好地指导工程设计实践，该研究具有极大的现实意义和较高的经济效益。

1.2 结构可靠性理论的研究进展

结构可靠性理论是一门涉及多个学科且与工程实际应用联系紧密的综合学科。结构可靠性对结构安全性问题以及结构设计能否满足安全可靠、经济耐用等特定要求，起着非常重要的指导作用。伴随着科技的高速发展，研究人员逐渐加深对于工程领域中不确定性因素的探索，推动了结构可靠性理论以及计算方法的高速发展，并且对概率可靠性分析、主客观混合不确定性分析、结构系统可靠性分析、结构灵敏度分析等问题进行了许多深入的研究与探索，在最近几十年来得到了快速的发展。

1.2.1 结构随机可靠性理论

传统的结构可靠性理论借助于概率论与数理统计学等数学知识来处理结构中随机性问题。20 世纪 40 年代，研究人员在产品分析与设计的过程中，首先考虑到的不确定性因素就是随机性。随机性是自然界事物中固有的属性。实际工程中存在大量影响随机性的因素，考虑随机性的安全分析模型称为随机可靠性分析模型，其理论和应用至今发展得较为成熟。

1944 年德国人利用 V-2 火箭实施攻击并首次研究其可靠性问题；1946 年，美国学者 A.P.Freudenthal 提出全分布概率方法，自此人们意识到随机因素对结构工程安全度的影响，该模型仅适用于理想状态，在工程中难以实现；1947 年，苏联的学者尔然尼钦给出运用结构的均值与标准差计算结构的失效概率与可靠度指标公式，可靠性科学生存的基点在于其自身可应用于工程实践当中；1969 年，在尔然尼钦研究的基础之上，美国学者 Cornell 建立了一次二阶矩模型，引入安全系数并确定了统一结构安全度的指标；20 世纪 70 年代开始，结构随机可靠性分析模型的研究在不断完善，并逐步应用于工程实际；1971年加拿大学者 Lind 加速了可靠度方法的研究进程，将可靠度指标表达成分项系数的形式；1974 年，学者 Hasofer 和 Lind 对一次二阶矩方法进行了改进，同时研究了结构可靠度指标在标准正态空间中的几何意义，简称为 H-L 方法，但该方法对于高维非线性的结构功能函数的计算误差较大，并不能完全满足工程中对于精度的要求；1976 年，在 H-L 方法的基础之上，Rackwitz 和 Fiessler 等提出将服从非正态分布类型的变量等效转化为正态分布变量，该方法直观且易操作，但对于非线性结构功能函数，则需要预先确定验算点的坐标值。当非线性程度不高时，可选用拉格朗日乘子法进行优化求解确定验算点坐标；若非线性程度较高时，可通过迭代步长、约束优化法加以解决；Hohenbichler 等考虑基本随机变量相关情况下的结构可靠性分析方法，但该方法应用较为困难；随后，Fiessler 等提出对于结构功能函数具有较高非线性时，相比于一

3

次二阶矩方法具有稍高的计算精度；1984年，Breitung在验算点处展开，运用双曲线方法，进行渐进计算结构功能函数的失效概率，该方法在精度上，相比于一次二阶矩方法有所提高，虽考虑到结构功能函数在验算点处的二次展开项，但计算工作量较大。

在上述讨论的一次二阶矩与二次二阶矩方法中，结构功能函数通常是已知的，但在工程实践中，对于复杂的结构来说，其结构功能函数往往由于有限的样本无法准确地给出明晰的表达式，从而给结构可靠性问题的研究带来诸多不便。对于结构功能函数为隐式的情况，可选用响应面方法来解决。该方法可以克服由于结构功能函数为隐函数的诸多不便，利用数值逼近原理，通过对结构实际响应的模拟来近似地替代原始结构功能函数，再借助于结构可靠性理论从而计算出结构功能函数的失效概率，该方法在面对具有复杂的结构输入与响应时，可用显函数的形式进行求解可靠性问题，并且该方法已有通用的代码，并且研究人员仍在不断地深入探索。张哲等不同于现有的选点方式而采用插值点法，从而在保障计算精度的同时，也减少了计算工作量；谭等提出了对响应面方法进行了改进，运用差分法代替对显式功能函数的导数求解运算，但计算结果的精度还有待提高。

此外，对于某些结构功能函数非线性程度较高的情况，可选用蒙特卡罗方法（Monte Carlo Simulated Method，MCS）进行结构可靠性分析。该方法基于随机统计原理，在工程实践中通常选用此方法，将其作为准确解来衡量其他方法的正确性，该方法一个关键环节在于样本点的选取方法，因而研究人员提出不同的抽样方法，其中较为常见的有：重要抽样法，渐进重要抽样法，均匀方向抽样法，重要方向抽样法。MCS方法为确保其良好的精度，因而需要大量的样本点，计算工作量非常庞大，这就限制了该方法在工程实际中的应用。总之，结构随机可靠性理论经过几十年的发展历程，已广泛应用于工程结构可靠性设计与优化等方面，且取得了瞩目成就。

1.2.2　结构模糊可靠性理论

随着科技日新月异的高速发展，现今研究结果说明，仅通过传统的随机可靠性理论来衡量结构是否安全可靠，存在一定的危险性。由于传统的随机可靠性理论是基于集合论与二值逻辑而建立的，因而该理论认为结构只存在两种状态：完全正常工作与彻底失效。但对于结构安全状态的界定本就是没有明确定义与标准的，结构安全这一事件的模糊性要受到结构安全准则与环境等诸多因素的影响。人们在进行工程设计中，需要将模糊性作为一种不确定性因素加以考量，并且采用模糊数学对模糊性进行描述。因而，模糊可靠性模型作为解决工程不确定性问题的方法之一，逐渐走入了研究人员的视野。

在 1965 年，美国控制论学者 Zadeh 首次提出模糊集合的概念，创立了模糊理论体系，为结构中存在不确定性现象的描述，提供了一种恰当的数学模型。随后，模糊数学模型得到了快速发展，广泛应用于控制论、医药学、生物学、土木工程、经济学、人工智能等领域。运用模糊数学模型可为实际工程中存在的模糊现象建立更为合理的数学模型，并建立明确的表达式来描述，使得问题的解决更为清晰明朗。

对结构进行模糊可靠性分析的主要方法有：① 模糊事件概率法；② 随机阈值法；③ 等效变换法。第一种方法虽有明确的表达式，但对于复杂结构的情况，通常所获得的分析结果不令人们满意；第二种方法需要积分运算从而导致工作量较大的情形；第三种方法采用等效思想，将模糊变量有效的转化为随机变量，从而便于运用传统的可靠性分析方法加以求解。

1975 年，美国学者 Kaufmann 结合可靠性概率与模糊数学思想表达结构的可靠度；Ferrari 和 Savoia 研究了模糊模型的过分保守情况；Cai 等对模糊可靠性模型的完善做了许多工作；Brown 建立了模糊可靠性分析模型；Hsien 在模糊的环境下，运用贝叶斯方法，讨论结构可靠性计算问题。国内学者对于模糊可靠性理论也提出了许多创新内容，岳珠峰等运用等效变换思想以及归一化因子，建立了考虑模糊性与随机性的统一分析模型；王光远院士在充分考虑地震荷载与结构抗力具有模糊性的基础上，建立了单模式与多模式下的抗震结构可靠性分析模型。

模糊可靠性理论的提出与发展，并不是对传统可靠性理论的否定，而是对传统可靠性理论的突破与拓展，不但考虑结构的随机性，还考虑了结构的模糊性，前者是客观概率，后者是主观概率，随着模糊可靠性理论的不断发展，使得对于结构本质属性的分析更加全面与深入，有利于可靠性理论的进一步完善。

1.2.3　结构非概率可靠性理论

对于某些复杂结构来说，由于测量技术或实际条件有限，难以获得足够多的统计数据，缺乏对结构设计中模糊信息的充分认识，都会加大模型构建的难度，因而会在一定程度上，限制传统概率可靠性分析与模糊可靠性分析模型的应用范围。为解决上述情况，许多学者对此进行了相关研究，从而推动了结构非概率可靠性理论的发展。

在 20 世纪 70 年代初期，有许多学者对于不确定性因素凸集合模型进行了大量研究。Tzan 和 Pantelides 对地震结构中存在的不确定性因素，用凸集合模型来描述，并对其进行了结构可靠性设计分析；Lindberg 研究薄壁壳体不完整几何结构，运用凸集合模型分析其径向屈曲问题；20 世纪 90 年代初期，Ben-Haim 和 Elishakoff 等针对所研究对象掌握的样本数据较少情况，采用非概率凸模型进行分析；1995 年，Elishakoff 认为非概率可靠性研究的对象并不是特定的某一数值，可利用某一区间参量来描述，并提出了一种可能度量方法；1998 年，Pantelides 和 Ganzeli 提出椭球凸集合模型，并将其与区间模型在工程实际问题进行比较，进而提出了一种凸模型叠加方法，可直接获得结构响应，无须进行优化计算。最近几十年来，国内相继有许多学者也在结构非概率可靠性理论发展方面作出了较大贡献。郭书祥等对于结构中存在的不确定性变量采用区间模型描述，并提出了结构非概率区间分析模型以及结构区间优化模型；Moens 等提出在进行有限元分析过程中，引入非概率分析模型对结构中存在的不确定信息进行处理；姜潮等对于结构区间优化问题，进行了全面系统的研究，并提出几种高效的区间优化设计模型；Chen 等提出一种针对非概率可靠度指标进行改进的半解析方法；孙天等采用响应面方法对液压缸进行非概率可靠性分析；Jiang 等提出运用凸集合模型描述结构中的不确定性参数，并给出直观的表达式进行非概率结构可靠性分析；Dai 等提出当含裂纹结构对所研究对象掌握的统计信息不够充分时，选用非概率缺陷评估方法的效果会更好；李玲玲等针对某电器产品的稳健性可靠性分析而构建基于区间分析的结构非概率可靠性模型；亢战和罗阳军提出利用凸集合模型，构建基于目标性能的非概率可靠性优化模型，用来解决非概率可靠性优化问题。

目前，非概率可靠性理论体系的研究，大部分采用凸集合模型与区间模型，并进行了理论分析与工程应用，对于椭球模型等的研究有待进一步探索。

1.3 结构混合可靠性研究

在实际工程中，采用何种模型处理不确定性信息，应根据掌握的数据信息而定。其中，对于结构中的不确定性参数掌握足够多的统计信息时，可用结构随机可靠性模型进行描述；对于结构中的不确定性参数由于测量或技术困难等因素，无法充分掌握数据信息的情况，可用结构非概率可靠性模型进行分析；对于在概念上具有一定模糊性的不确定性变量，可用模糊可靠性分析模型进行讨论。在工程中存在主客观混合不确定性变量共存的情况，因此如何实现复杂结构的主客观混合不确定性变量的结构可靠性分析，在现今的结构可靠性领域中已经成为一个很重要的问题。

针对样本数据充足的不确定性变量，宜采用概率模型分析；针对缺乏足够样本数据的不确定性变量，适合用非概率凸集模型进行分析；在概念上具有一定模糊性的不确定性变量，可借助于模糊模型进行分析求解。因而，对于混合不确定性变量的可靠性问题，而进行的研究工作是非常有价值的。

现今，国内外有许多研究人员，针对主客观混合不确定性分析问题给予了相当的关注。Gurov and Utkin 指出由于结构参数信息来源的不同，则结构参数信息可由概率论和区间估计来描述。因此，它需要一种包含了不同来源的所有结构不确定性参数信息的严格的数学方法，进行可靠性的精确估计。对于不确定信息的处理与构建混合不确定性可靠性分析模式，是研究结构可靠性的重要环节。Guo S X 针对混合变量模型，研究两级结构功能函数的可靠性分析方法；Du 利用优化设计方法，提出带有随机变量与区间变量的结构可靠性分析方法；Guo and Lu 利用一个二阶结构功能函数，提出了一种针对线性问题混合可靠性分析方法，对于非线性问题尚未有解决方案；Cheng 等结合概率和非概率方法，建立新型鲁棒性设计方法，同样存在迭代不收敛的情况；Du 建立两种混合可靠性模型，即直接可靠性分析和区间可靠性分析，并分别给出其相应的求解方法；Guo and Du 提出求解同时带有随机变量和区间变量的混合可靠性的半解析方法；Luo 提出结合概率和凸集合模型的一种结构可靠性方法；Jiang 对于带有区间分布参数的结构功能函数，进行概率转换与单调性分析，并给出一种计算结构失效概率边界的有效方法；Hanss 和 Turrin 构建同时含有随机－模糊变量的结构混合可靠性分析模型；Mourelatos 和 Zhou 基于可能性理论，构建了一种顺序优化的混合可靠性优化设计模型；Bae 和 Grandhi 基于证据理论，提出了含有混合不确定性变量的结构可靠性灵敏度分析模型；Elishakoff 和 Colombi 提出同时含有随机变量与凸集合变量的复杂结构可靠性分析模型；Chakraborty 基于信息熵方法，可将模糊变量转换为期望的任意分布随机变量，对各种不确定变量均可表达其不确定程度，但在理论上与模糊可靠度存在一定的差异，且丧失了模糊性；Dong 基于尺度变换法，针对模糊－随机变量的可靠性问题，运用了传统概率理论，但适用范围比较小，仅适用于模糊数为三角形的情况；Ferson 和 Tucker 借助于概率盒子（Probability-Box，P-Box）构建混合不确定性变量的结构可靠性灵敏度分析模型；汪忠来等结合鞍点近似方法与 MCS 方法，构建含有随机－模糊变量的结构可靠性分析模型；吕震宙和何红妮推导出同时含有随机－模糊变量的复杂结构失效概率近似解的方差与变异系数表达式；Gao 基于 Taylor 展开法与摄动理论，构建了混合不确定性可靠性分析模型；邱志平等针对不确定性变量服从正态分布的情形，进行了模糊－区间可靠性分析；后续研究了复杂结构同时含有随机－区间－模糊变量的概率－模糊－非概率可靠性分析模型。

1.4 结构系统可靠性研究

前面所述的可靠性分析方法所解决的问题均是单一失效模式，即这些方法针对于只有一个功能函数的结构进行可靠性分析。虽然具有单一失效模式的结构可靠性理论与计算方法的研究日渐成熟，但结构单一构件并不能全面反映整个结构系统的结构安全性。然而，实际工程中结构失效是由多种失效因素共同决定的。也就是说，仅利用单一失效模式的结构可靠性理论已不能满足工程实际要求，需要考虑多失效模型共同对结构体系可靠性的影响，研究结构系统可靠性分析才更能满足工程实际需求。

与单一结构相比较，系统可靠性分析要比其复杂得多。现今，众多研究人员对于系统可靠性理论及其计算方法仍处于探索阶段。结构体系可靠性研究起源于 20 世纪 60 年代，1970 年，Stevenson 和 Moses 假设各失效模式间彼此相互独立，提出了一种求解框架结构系统可靠度的计算方法；1979 年，Moses 提出了均值失效模式识别法；Ben-haim 阐述了基于概率与非概率方法，对系统进行可靠性分析的结果不同；在分析过程中，寻找主要的失效模式是进行结构系统可靠性分析的重要环节之一，主要的研究方法有：网络搜索法，荷载增量法，分支限界法，截止枚举法，线性规划法，改进的分支限界法等。

Hohenbichler 提出将结构系统失效概率的计算有效的转化为多维正态概率分布函数（Probability Distribution Function，PDF）的计算；董聪给出一种计算多维概率分布函数的求解方法；辛国顺以 ANSYS 软件为平台，结合响应面方法、MCS 方法、一次二阶矩方法进行结构系统可靠性分析；Feng 推导出一种计算结构系统失效概率比较高精度的公式；Song 提出基于二阶与三阶联合失效概率方法的结构系统可靠性分析模型；点估计法是进行结构系统可靠性分析的一类近似方法，其中具有代表性的是 Alfredo 等提出的概率网络估算技术；Ang 和 Amin 在推导出一阶界限公式的同时，指出该界限过宽，对工程实际的指导意义不大；Ditlevsen 将各失效模式间的相关性因素考虑进结构系统可靠性分析问题中，进而提出了二阶窄带理论；MCS 方法对于单一失效模式的应用较为普遍，在结构系统可靠性分析中仍然是一种有效且精度极高的计算方法，因而被广泛应用，Bucher 在自适应抽样方法思想的基础之上，将抽样中心选为失效域中心，无须确定设计点，可通过迭代失效域中心位置确定；Karamchandani 构建了两种自适应重要抽样模型；由于结构系统可靠性自身的多样性与复杂性，使得该理论的研究与发展仍需要学者们投入大量的精力去深入研究。

1.5　结构可靠性灵敏度研究

结构可靠性灵敏度分析主要研究结构中各不确定性变量的变化而引起结构失效的规律，反映各不确定性变量对结构的重要程度，在结构可靠性设计优化维修等方面均起到指导作用。因此，在进行结构可靠性设计等领域开展机械结构可靠性灵敏度的研究工作是至关重要的。

结构可靠性灵敏度计算公式早在 20 世纪 70 年代早期就已经提出，并且 Zienkiewicz 中给出了相应的解析表达式，但由于该解析式计算过于复杂且耗时，Pederson 提出了半解析表达式；Krenk 等基于一次二阶矩方法，提出一次二阶矩可靠性灵敏度分析模型，但该模型虽在均值点处的计算精度较高，但全局灵敏度计算结果不太理想；张义民等结合随机摄动理论与 Edgeworth 级数方法，提出服从任意分布类型的结构可靠性灵敏度分析模型；张艳林运用 Halton 序列并结合重要抽样方法，提出一种拟 MCS 方法的结构可靠性灵敏度分析模型；宋述芳构造了基于子集抽样与方向抽样方法的结构可靠性灵敏度分析模型。

总之，结构可靠性灵敏度可以反映各基本随机变量的变化，对于结构失效不同程度的影响，可以很好的指导工程实践。但目前结构可靠性灵敏度分析大都是在结构功能函数为显式的情况进行分析，针对于结构功能函数为隐式的情况仍需进行深入探索。

1.6 本书研究的主要内容

本书在进行结构可靠性分析时，针对工程实际中存在功能函数为隐式或高维非线性的复杂结构，基于降维算法，构建了结构概率可靠性分析模型。该模型大大降低了结构功能函数的统计矩计算工作量，避免了对随机变量梯度的要求，无须迭代搜索最可能失效点；与此同时，考虑到复杂结构中存在主客观混合不确定性变量并存的情况，基于降维算法，构建了主客观混合不确定性可靠性分析模型，该模型有效的将主客观混合不确定性分析问题转化为含区间－随机变量的可靠性分析问题，并且有效的避免了区间扩张问题；继而，构建了混合不确定性变量并存的串联结构系统可靠性分析模型，该模型结合概率网络估算技术，不但计算工作量远小于区间估计法，同时简化了多个积分边界的高维积分问题；针对已建立的含有随机－区间变量的可靠性分析模型，构建了与之相对应的可靠性灵敏度分析模型，并推导出可靠性灵敏度计算公式。以下简单介绍本书的主要内容：

第一章：首先，概述了可靠性发展历史与研究现状，并介绍了概率、模糊、非概率可靠性理论的研究现状；另外，介绍了结构系统可靠性与可靠性灵敏度的研究进展；最后，简述了本书的工作。

第二章：基于降维算法，针对含随机变量的结构功能函数为隐式或高维非线性的可靠性问题的讨论。运用降维算法的有限叠加思想，将原始的结构功能函数转变为由 n 个一维函数有限相加的形式，再对这 n 个一维函数进行统计矩计算，进而获得结构功能函数的统计矩；最后，应用 Edgeworth 级数法计算出结构失效概率。通过数值算例验证了该模型的正确性。

第三章：针对结构中同时含有随机-区间-模糊变量的复杂结构，提出了主客观混合不确定性统一可靠性分析模型。该模型既适用于含有随机-区间变量与随机-模糊变量的结构可靠性分析问题，也同样适用于随机-模糊-区间变量共存的结构可靠性分析问题。借助于模糊数学中的截集技术，有效的实现了模糊变量转化为相对应的水平截集下的区间变量，并且推导了计算结构失效概率区间的公式。通过实际工程算例验证了所提模型的正确性。

第四章：在研究主客观混合不确定性可靠性分析的基础之上，进一步研究了混合不确定变量并存的结构系统可靠性分析模型。运用第三章中构建的主客观混合不确定性变量并存的结构可靠性分析模型，计算出各失效模式下所对应的结构失效概率区间，并且考虑到各失效模式间的相关性，再运用概率网络估算技术，求解混合不确定性变量并存的复杂结构系统可靠度指标区间。通过两个数值算例和一个工程应用实例，验证了该模型的正确性。

第五章：提出了含有混合不确定性变量的结构可靠性灵敏度分析模型。相继推导出降维后的 n 个一维函数的前四阶原点矩区间对基本随机变量的均值与标准差灵敏度区间，进而求解结构功能函数的前四阶原点矩区间以及前四阶中心矩区间对随机变量的均值和标准差的可靠性灵敏度区间；并将该灵敏度信息作为系数，计算获得结构失效概率区间对随机变量的均值与标准差的灵敏度区间。通过数值算例验证了针对混合不确定性变量共存时，所提出的结构灵敏度分析模型的正确性。

第六章：对全书的主要工作进行了简单的总结，给出了全书的创新点与后续研究工作的展望。

第 2 章
基于降维算法的概率可靠性分析

2.1 引 言

第二次世界大战以来，在规定的载荷条件和环境下，飞机等一系列大型机构，在预期的使用寿命期间内不能如期完成规定的任务且失效事件频发，从而体现出传统的机械设计方案具有一定的不太合理性。因此，有关学者开始以数理统计与概率论等相关理论为探索依据，对结构可靠性问题展开进一步的研究。

工程中结构可靠性常用可靠度与失效概率来度量，并且通常用概率来表示。结构可靠度分析主要是求解结构的失效概率，途径通常有两种：一是直接从失效概率定义的角度求解；二是在失效域上，对各随机变量的联合概率密度函数通过积分求解。而本章针对前者展开主要的研究工作。应用降维算法对结构功能函数进行单变量降维处理，在计算统计矩信息时，大大地降低了积分工作量；结合 Edgeworth 级数展开法，可拟合出结构功能函数失效概率的累积分布函数（Cumulative Distribution Function，CDF）表达式，从而计算出结构功能函数的失效概率。

2.2　结构随机可靠性基本概念

　　因为在建造和使用的过程中，存在了诸多不确定性因素。若按照其产生的原因和条件可分为：随机性、知识的不完善性和模糊性；按主客观性可分为：客观不确定性、主观不确定性。客观不确定性是指能利用统计资料的收集和检验获得的不确定性。如基本参量中的结构建造尺寸误差等不确定性，可通过实物和试样的测定结果进行统计分析，找到各自分布特性。主观不确定性是指与知识不足及资料缺乏有关的不确定性，只能在过去经验积累和判断的基础上确定，如结构分析方法等相关的不确定性，主要取决于人们对它们的认识程度及所掌握的知识水平。本章主要讨论结构随机可靠性（客观不确定性）的基本概念与理论。

　　在工程中处理不确定性问题最常见的处理方法之一便是运用传统的结构可靠性理论来描述，应用概率论、数理统计学和随机过程等数学方法作为不确定性分析的重要工具，在各个工程领域中发挥着非常重要的作用，并且研究成果颇丰。对结构进行可靠性分析，可获得由不确定性因素影响的结构失效概率，是解决可靠性问题较为行之有效的方法。

2.2.1　基本随机变量

　　工程结构的设计与分析是一个定性分析与定量计算有机结合的过程。定性分析包括预测结构分析的结果、判断计算结果的准确性等；定量计算则是结合力学与数学方面的知识，计算引起结构内力与变形等荷载效用。在结构可靠性分析计算中，需要考虑有关的设计参数、结构设计的安全性问题以及结构不确定性变量因素。在结构设计计算过程中，直接运用的变量称为基本变量，而在结构设计中的结构荷载、材料强度、弹性模量等基本变量被视为随机变量时，称为基本随机变量。随机变量就是在试验的过程中能取得不同数值的量。按照随机变量的取值方式不同，可分为：连续型与离散型。

在结构可靠性计算中，通常运用随机变量的统计规律进行结构可靠性分析。决定结构设计性能的各参数通常用向量形式 $x=(x_1,x_2,\cdots,x_i,\cdots,x_n)$ 表达基本随机变量，式中 x_i 为第 i 个基本随机变量。在进行工程结构分析时，通常用概率密度函数 $f_x(x)$ 或累积分布函数 $F_x(x)$ 来描述连续型随机变量的概率特性；也可使用随机变量的一阶矩和二阶矩等统计特征来反映其概率特性。

2.2.2　结构极限状态

在结构可靠性分析中，通常用极限状态判断结构工作状态是否可靠。通常利用结构功能函数来描述结构极限状态。以结构需完成功能与结构极限状态为标志，从而建立功能函数。假设 $x_i(i=1,2,\cdots,n)$ 为影响结构状态和性质的 n 个随机变量，则结构的功能函数可表示为：

$$Z=g(x_1,x_2,\cdots,x_i,\cdots,x_n) \tag{2-1}$$

运用上式与 0 作比较，可获得结构的三种不同状态：

$$Z=g(x_1,x_2,\cdots,x_i,\cdots,x_n)=\begin{cases}>0 & \text{结构具有规定功能，处于可靠状态}\\<0 & \text{结构丧失规定功能，处于失效状态}\\=0 & \text{结构处于临界状态，处于极限状态}\end{cases} \tag{2-2}$$

上式也可表达为：

$$\begin{cases}Z>0 & \text{结构处于可靠状态}\\Z\leqslant0 & \text{结构处于失效状态}\end{cases} \tag{2-3}$$

图 2-1 表示在仅含有 2 个随机变量 x_1,x_2 的情况下，结构功能函数 $Z=g(x_1,x_2,\cdots,x_i,\cdots,x_n)$ 的三种极限状态。

2.2.3　结构失效概率与可靠度

结构功能函数 Z 的概率密度函数可表达为：

$$f_Z(z)=\frac{1}{\sqrt{2\pi}\sigma_z}\exp\left[-\frac{1}{2}\left(\frac{z-u_z}{\sigma_z}\right)^2\right],-\infty<z<\infty \tag{2-4}$$

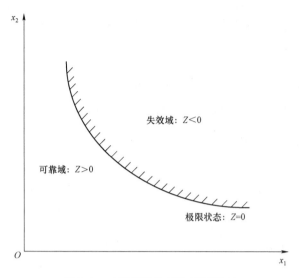

图 2-1　二维变量的结构极限状态

式（2-4）的分布图如图 2-2 所示。通过 $f_z(z)$ 的分布图可直观地区分结构的失效域与可靠域。阴影部分的面积即结构失效概率 P_f 可表示为：

$$P_f = P(Z < 0) = \int_{-\infty}^{0} f_z(z)\mathrm{d}z = \int_{-\infty}^{0} \frac{1}{\sqrt{2\pi}\sigma_Z} \exp\left[-\frac{1}{2}\left(\frac{z-u_Z}{\sigma_Z}\right)^2\right]\mathrm{d}z \quad （2\text{-}5）$$

非阴影部分面积即结构的可靠度 P_r 可表示为：

$$P_r = P(Z > 0) = \int_{0}^{\infty} f_z(z)\mathrm{d}z = \int_{0}^{\infty} \frac{1}{\sqrt{2\pi}\sigma_Z} \exp\left[-\frac{1}{2}\left(\frac{z-u_Z}{\sigma_Z}\right)^2\right]\mathrm{d}z \quad （2\text{-}6）$$

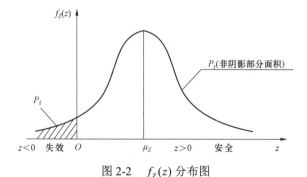

图 2-2　$f_z(z)$ 分布图

式中，u_Z 与 σ_Z 分别为结构功能函数 Z 的均值与标准差。由图 2-2 可以看出，

结构可靠度 P_r 与结构失效概率 P_f 相加，即为整个图形面积。因此，计算两者的工作量，实质上是等效的。

一般情况下，P_f 可通过各随机变量 $x_i(i=1,2,\cdots,n)$ 的联合概率密度函数在 $z<0$ 的区域上进行多重积分获得，则可表达为：

$$P_f = \int_{z<0} f(\boldsymbol{x})\,\mathrm{d}\boldsymbol{x} = \underbrace{\iint\cdots\int}_{z<0} f(x_1,x_2,\cdots,x_i,\cdots,x_n)\mathrm{d}x_1\mathrm{d}x_2\cdots\mathrm{d}x_i\cdots\mathrm{d}x_n \quad (2\text{-}7)$$

式中，$f(\boldsymbol{x})$ 为基本随机向量 $\boldsymbol{x}=(x_1,x_2,\cdots,x_i,\cdots,x_n)$ 的联合概率密度函数。

若上式中 $x_1,x_2,\cdots,x_i,\cdots,x_n$ 相互独立，则可将式（2-7）改写为：

$$P_f = \int_{z<0} f(\boldsymbol{x})\,\mathrm{d}\boldsymbol{x} = \underbrace{\iint\cdots\int}_{z<0} f_{x_1}(x_1)f_{x_2}(x_2)\cdots f_{x_i}(x_i)\cdots f_{x_n}(x_n)\mathrm{d}x_1\mathrm{d}x_2\cdots\mathrm{d}x_i\cdots\mathrm{d}x_n$$

$$(2\text{-}8)$$

结构可靠度 P_r 可表达为：

$$P_r = \int_{z>0} f(\boldsymbol{x})\,\mathrm{d}\boldsymbol{x} = \underbrace{\iint\cdots\int}_{z>0} f_{x_1}(x_1)f_{x_2}(x_2)\cdots f_{x_i}(x_i)\cdots f_{x_n}(x_n)\mathrm{d}x_1\mathrm{d}x_2\cdots\mathrm{d}x_i\cdots\mathrm{d}x_n$$

$$(2\text{-}9)$$

式中，$f_{x_i}(x_i)$ 为 $x_i(i=1,2,3,\cdots,n)$ 的 PDF。

由图 2-2 可知，结构的可靠度 P_r 与失效概率 P_f 之间的表达式为：

$$P_r + P_f = 1 \quad (2\text{-}10)$$

β，P_f，P_r，三者之间的表达式可写为：

$$P_f = \Phi(-\beta) = 1 - P_r = 1 - \Phi(\beta) \quad (2\text{-}11)$$

式中，β 为可靠度指标；$\Phi(\cdot)$ 为标准正态分布的累积分布函数。失效概率与可靠度指标的关系如图 2-3 所示。

在研究结构可靠性问题的过程中，之所以用 β 来度量结构的可靠度，是因为其与 P_r 存在着一一对应关系。β 与 P_r 的变化方向一致，则与 P_f 的变化方向相反。即 β 与 P_r 的数值越小，P_f 的数值越大。

由式（2-8）与式（2-9）可看出，这是一个高维积分，且积分的维数与随机变量的数目一致；式中含有的联合概率密度函数 $f(\boldsymbol{x})$，在工程实际中较

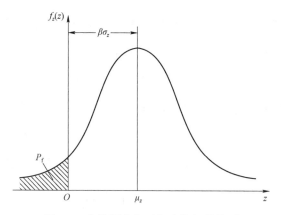

图 2-3　失效概率和可靠度指标的关系

难获得且通常情况下很难给出明确合理的解析表达式；当随机变量的数目较多时，对式（2-8）与式（2-9）直接进行积分计算，获得 P_f 的计算结果是十分艰难的。因此，求解结构的失效概率 P_f 与结构的可靠度 P_r 运用式（2-8）与式（2-9）这样的解析表达式，在通常情况下是不可行的。

2.3　基于降维算法的结构随机可靠性分析

2.3.1　降维算法

结构功能函数 Z 计算其 P_f 的关键环节是式（2-7）的积分运算。由于结构功能函数中含有 n 个随机变量，因而式（2-7）的积分计算工作量势必会相当庞大。S.Rahman 与 D.Wei 提出针对此类高维积分问题的应对方法——降维算法（Dimension Reduction Method，DRM），其实质是利用分解思想，对维度进行分解，将 n 维函数改写为有限和的形式来表达。本节运用其提出的单变量降维算法，计算结构功能函数降维后的各一维函数的统计矩、结构功能函数的统计矩信息。DRM 方法简单且高效地得到统计矩，该方法无须迭代求解 MPP 点；对结构功能函数的梯度没有要求；无须计算矩阵的逆。

降维算法可用来计算结构功能函数的统计矩。本节利用降维算法针对式（2-7）进行求解，可有效的削弱由于随机变量数目的增加而导致数值积分计算误差增大的影响。本节运用降维算法，针对结构功能函数为高维非线性的复杂结构，将其表达为由 n 个一维函数相加的形式，从而来简化积分运算。

假设任意一个连续且可微的实值结构功能函数 $Z = g(x_1, x_2, \cdots, x_n)$ 由 n 维向量 $\boldsymbol{x} = (x_1, x_2, \cdots, x_n)$ 表达，则 n 维结构功能函数的降维表达式可表达为：

$$Z = g_0 + \sum_{i=1}^{n} g_i(x_i) + \sum_{1 \leqslant i_1 \leqslant i_2 \leqslant n} g_{i_1 i_2}(x_{i_1}, x_{i_2}) + \cdots +$$
$$\sum_{1 \leqslant i_1 < \cdots i_k \leqslant n} g_{i_1 i_2 \cdots i_k}(x_{i_1}, x_{i_2}, \cdots, x_{i_k}) + \cdots + g_{i_1 i_2 \cdots i_n}(x_{i_1}, x_{i_2}, \cdots, x_{i_n}) \tag{2-12}$$

式中，g_0 为函数 Z 的常数项；函数 $g_i(x_i)$ 为随机变量 x_i 单独对功能函数 Z 作用的一阶表达式；函数 $g_{i_1 i_2}(x_{i_1}, x_{i_2})$ 为随机变量 x_{i_1}, x_{i_2} 共同对功能函数 Z 的作用的二阶表达式；函数 $g_{i_1 i_2 \cdots i_k}(x_{i_1}, x_{i_2}, \cdots, x_{i_k})$ 为随机变量的前 k 阶项，对功能函数 Z 的综合作用影响的表达；函数 $g_{i_1 i_2 \cdots i_n}(x_{i_1}, x_{i_2}, \cdots, x_{i_n})$ 为 n 个随机变量共同对功能函数函数 Z 影响的 n 阶表达式。式（2-12）中最后两项体现的是高阶项对于功能函数的贡献，由于其计算数值远小于 $\sum_{i=1}^{n} g_i(x_i)$ 与 $\sum_{1 \leqslant i_1 \leqslant i_2 \leqslant n} g_{i_1 i_2}(x_{i_1}, x_{i_2})$，因而可将其计算结果忽略不计。

任意选取随机变量空间中的任一点集，将其作为随机向量空间中的参考点，假设参考点用 $\boldsymbol{c} = (c_1, c_2, \cdots, c_n)$ 表达，则式（2-12）中的分量函数可表达为：

$$g_0 = g_0(\boldsymbol{c}) \tag{2-13}$$
$$g_i(x_i) = g_i - g_0 \tag{2-14}$$

式中，$g_i = g(c_1, c_2, \cdots c_{i-1}, x_i, c_{i+1}, \cdots, c_n)$。通过文献［166］研究发现，参考点 $\boldsymbol{c}$ 的最优选择为其各随机变量的均值点处，即 $\boldsymbol{c} = (\mu_1, \mu_2, \cdots, \mu_n)$。若选取式（2-12）中的一阶项，则可得到结构功能函数 $Z = g(x_1, x_2, \cdots, x_n)$ 的单变量降维表达式，即单变量降维方法（Univariate Dimension Reduction Method，UDRM），该方法的公式可表示为：

$$Z \cong \sum_{i=1}^{n} g_i(x_i) - (n-1)g_0(c) \qquad (2-15)$$

UDRM 方法思想：将结构功能函数 $Z = g(x_1, x_2, \cdots, x_n)$ 的 n 维函数转变为由 n 个一维变量函数有限加和的形式。该思想在后续的工作中，大大降低了对结构功能函数 Z 统计矩的积分计算工作量。

由图 2-4 可直观看出，在极限状态面上的 MPP 点处，一次二阶矩方法（First-Order Reliability Moment，FORM）和二次二阶矩方法（Second-Order Reliability Moment，SORM）及单变量降维算法［$k=1$ 时，即 $g_1(x_i)$］的近似情况。从图中不难发现，相比于 FORM 与 SORM 方法，UDRM 方法对于真实结构功能函数的拟合更为贴近。

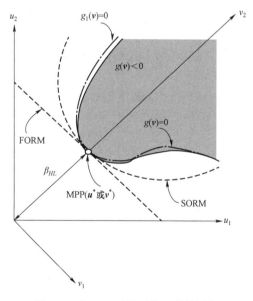

图 2-4　当 $k=1$ 时的功能函数的近似

2.3.2　结构功能函数的统计矩

计算结构的失效概率时，可对式（2-7）运用直接积分法求解，它虽然是简单的 n 维积分问题，从理论上讲其求解比较简单，但在实际工程中，通常无法采用直接积分法，其原因存在于以下几点：① 结构功能函数的失效域通常不太规则，给积分带来很大困难；② n 维数值积分的计算工作量相当大；③ 体现结构功能函数受到诸多因素影响的联合概率密度函数，通常很难明确给出确切的解析表达式。虽然运用直接积分法被很早应用于工程中，但由于提到上述存在的一些问题，因而求解结构失效概率时，被广泛应用的方法大都是近似的解析法。本章中运用降维算法，计算结构功能函数的统计矩。

由传统的概率论与数理统计学知识可知，计算结构功能函数的矩信息，需要结合数理统计知识中的二项式定理与统计矩概念，则结构功能函数 $Z = g(x_1, x_2, \cdots, x_n)$ 的 k 阶原点矩可表达为：

$$
\begin{aligned}
m_{g(\boldsymbol{x})}^{(k)} = \sum_{l=0}^{k} C_k^l \times \left(\sum_{i_1=1}^{l} C_l^{i_1} m_{g_1(x_1)}^{l-i_1} \right) \times \left(\sum_{i_2=2}^{i_1} C_{i_1}^{i_2} m_{g_2(x_2)}^{i_1-i_2} \right) \cdots \times \left(\sum_{i_t=t}^{i_{t-1}} C_{i_{t-1}}^{i_t} m_{g_t(x_t)}^{i_{t-1}-i_t} \right) \cdots \times \\
\left(\sum_{i_n=n}^{i_{n-1}} C_{i_{n-1}}^{i_n} m_{g_n(x_n)}^{i_{n-1}-i_n} \right) \times \left\{ E[-(n-1)g_0(\boldsymbol{c})]^{k-l-s} \right\}
\end{aligned}
\tag{2-16}
$$

式中，$m_{g(\boldsymbol{x})}^{(k)}$ 为 $g(\boldsymbol{x})$ 的第 $k(k=1,2,3,4)$ 阶原点矩；$C_k^l = \dfrac{k!}{l!(k-l)!}$ 为二项式展开系数；$E\{\bullet\}$ 为期望算子。

由统计矩的定义可知，若计算式（2-16），则需首先获得上式中的一维函数 $g_i(\boldsymbol{x})$ 的原点矩。各随机变量 x_i 的 $f(x_i)$ 是已知的，则 $g_i(\boldsymbol{x})$ 的第 $k(k=1,2,3,4)$ 阶原点矩可表达为：

$$
\begin{aligned}
m_{g_i}^k &= E\{[g(\mu_1, \cdots, \mu_{i-1}, x_i, \mu_{i+1}, \cdots, \mu_n)]^k\} \\
&= \int_{-\infty}^{\infty} [g(\mu_1, \cdots, \mu_{i-1}, x_i, \mu_{i+1}, \cdots, \mu_n)]^k f(x_i) \mathrm{d}x_i
\end{aligned}
\tag{2-17}
$$

如果直接运用积分方法计算式（2-17），由于积分区域不规则且计算精度偏低等因素，则会导致计算结果存在较大误差。现今有众多学者研究出许多方法用来计算上式的统计矩，其中的 MCS 法被广泛应用。该法以其算法简单、计算结果随抽样的增加而收敛于真值等优点被广泛应用于工程实践，适合于任何函数形式且与维度无关，但为了保证其计算精度，它的计算工作量相当庞大。因此，在一定程度上，MCS 法在实际工程应用方面具有一定的局限性。

由概率统计理论可知，可通过随机变量的分布函数掌握其统计信息。在实践中，对于随机变量的分布情况的描述可选用统计矩来度量，从而运用所获得的统计矩信息来近似拟合结构功能函数的概率密度函数。

2.3.3　Gauss-Hermite 数值积分

计算结构功能函数的各阶统计矩的前提，需首先计算出降维后的 n 个一维函数的统计矩，而 n 个一维函数的统计矩可通过数值积分方法来求解。然而，Gauss-Hermite 积分法是数值积分方法中应用较为广泛的方法之一。因而，本节选用该方法准确且有效的计算式（2-17）。

Gauss 公式通常为使得求积公式达到最高的代数精度而选取求积节点。由 $n+1$ 个节点构成的插值型求积公式，可表达为：

$$\int_a^b f(x)\mathrm{d}x \approx \sum_{k=0}^n A_k f(x_k) \tag{2-18}$$

如果区间 [a,b] 上有一组节点 $x_0, x_1, \cdots, x_n$ 使得上式中的插值型求积公式具有 $2n+1$ 次代数精度，则节点组 $\{x_k\}$ 称之为高斯点组，称上式为高斯型求积公式。其优点是求积节点个数少，相应的代数精度高。

Hermite 多项式可表达为：

$$H_n(x) = (-1)^n \mathrm{e}^{x^2} \frac{\mathrm{d}^n}{\mathrm{d}x^n} \mathrm{e}^{-x^2} \tag{2-19}$$

高斯点 $x_i\,(i = 0, 1, \cdots, n)$ 为 $n+1$ 次 Hermite 多项式的零点。求解积分公式可改写为：

$$\int_{-\infty}^{\infty} \mathrm{e}^{-x^2} f(x)\mathrm{d}x \approx \sum_{i=1}^n A_i f(x_i) \tag{2-20}$$

上式也可改写为如下形式：

$$\int_{-\infty}^{\infty} f(x)\mathrm{d}x \approx \sum_{i=1}^n A_i \mathrm{e}^{x_i^2} f(x_i) \tag{2-21}$$

式中，A_i 为求积系数，其表达式为：

$$A_i = \frac{2^{n+1} n! \sqrt{n}}{(H_n'(x_i))^2}, i = 1, 2, \cdots, n \qquad (2\text{-}22)$$

余项 $R_n[f]$ 的表达式，可写为：

$$R_n[f] = \frac{(n+1)! \sqrt{\pi}}{2^{n+1}(2n+2)!} f^{(2n+2)}(\xi), \xi \in (-\infty, \infty) \qquad (2\text{-}23)$$

鉴于以上简述的 Gauss-Hermite 积分方法，为方便起见，利用任意向量 Z 表达所有随机变量的向量 X，即 $Z = X^{\mathrm{T}}$。对于任意一维函数积分，它可表示为在相应的高斯点处加权的被积函数的形式：

$$\int_{-\infty}^{\infty} g_i(z) \mathrm{d}z \cong \sum_{s=1}^{r} \omega_s \mathrm{e}^{z_s^2} g_i(z_s) \qquad (2\text{-}24)$$

对于任意 n 维函数积分运算问题，可运用 Gauss-Hermite 积分公式，则上式可改写为：

$$\int_{-\infty}^{\infty} \cdots \int_{-\infty}^{\infty} g_i(z_1, \cdots, z_n) \mathrm{d}z_1 \cdots \mathrm{d}z_n \cong \sum_{s_1=1}^{r_1} \cdots \sum_{s_n=1}^{r_n} \omega_{s_1} \cdots \omega_{s_n} \mathrm{e}^{z_{s_1}^2 + \cdots + z_{s_n}^2} g_i(z_{s_1}, \cdots, z_{s_n}) \quad (2\text{-}25)$$

结合式（2-24），则可运用 Gauss-Hermite 积分公式，得到降维后 n 个一维函数的 k 阶统计矩积分，其表达式可写为：

$$m_{g_i(z)}^k \cong \sum_{s=1}^{r} \omega_s \mathrm{e}^{z_s^2} m_{g_i(z_s)}^k \qquad (2\text{-}26)$$

式中，r 为积分阶次（横坐标数），z_s 为高斯点（横坐标），ω_s 为高斯权重（纵坐标）。

Gauss-Hermite 数值积分中的权重和高斯点与积分阶次 $r = 1, 2, 3, 4$ 见表 2-1。对于高阶项的权重和高斯点可见参考文献 [169]。

表 2-1 Gauss-Hermite 数值积分的权重与高斯点

阶次（r）	高斯点（z_s）	权重（ω_s）
1	0	1.772 453
2	±0.707 107	0.886 227
3	0 ±1.224 74	1.181 635 0.295 409
4	±0.524 648 ±1.650 68	0.804 914 0.081 312

Gauss-Hermite 数值积分法不需要求导，仅通过权重与高斯点即可获得相应的统计矩信息，适合于结构功能函数的导数难以获得甚至不存在的情况，该方法简单易行，应用范围广泛。

2.3.4　变量转换

本节中借助于转换思想，不同之处在于本节中将随机变量全部转变为服从均值为 0，方差为 0.5 的正态分布变量。若直接用积分计算式（2-17），将会导致较大误差。为此本节中结合变量转换与 Gauss-Hermite 数值积分法，计算获得式（2-17）中降维后一维函数 $g_i(x)$ 的原点矩。

在工程实际中计算结构失效概率，需要运用到各随机变量的 $f(x_i)$ 及其分布类型，目前针对此类问题的解决方法比较成熟的有以下几种：① H-L 法，该方法的思路：直接运用正态分布变量代替非正态分布变量，方法直接且简单，但精度最差；② R-F 法，该方法的思路：在任意点处，将非正态分布变量的分布函数及其概率密度函数与正态分布变量一一对应相等；③ C-L 法，该方法的思路：基于前者的方法引入了一个参数，但计算较为复杂。三者的计算精度逐步提升，但相应的计算工作量逐渐增多。④ 在现今进行概率可靠性分析研究中，结合矩分析方法且应用较为广泛的方法之一即为点估计方法。点估计法由 Rosenblueth 首次提出，该方法思想：将非正态变量全部转变为相互独立且服从标准正态分布的变量。可借助于 Rosenblatt 变换计算结构统计矩，该法已广泛地应用于统计学、结构可靠性、不确定性分析等领域，在工程实践方面应用较为广泛。

为了不失一般性，假设 $Z_i(i=1,2,\cdots,n)$ 是相互独立的，则变量转换法可给出如下公式：

$$u_i = t(z_i) = \frac{1}{\sqrt{2}} \varPhi^{-1}[F_{Z_i}(z_i)], i=1,2,\cdots,n \qquad （2-27）$$

式中，$\Phi^{-1}[\,\cdot\,]$ 为标准正态分布函数的 CDF 的逆函数，$F_{Z_i}(z_i)$ 为随机变量 Z_i 的 CDF，z_i 为 Z_i 的某一实现，u_i 为正态变量 U_i 的某一实现，则 U_i 的概率密度函数 $f_{U_i}(u_i)$ 和累积分布函数 $F_{U_i}(u_i)$ 可分别表达为如下形式：

$$f_{U_i}(u_i) = \frac{1}{\sqrt{\pi}} e^{-u_i^2}, \quad i = 1, 2, \cdots, n \qquad (2\text{-}28)$$

$$F_{U_i}(u_i) = \Phi(\sqrt{2}u_i), \quad i = 1, 2, \cdots, n \qquad (2\text{-}29)$$

运用变量转换法，可确保随机变量的概率密度函数 $f_x(x)$，在大部分都接近甚至有时等于 0 的情况下，得到较为准确的统计矩估计值，可将非正态随机变量变换为相互独立的正态变量，适合于任意分布类型的变量；变换后使得 Gauss-Hermite 数值积分法的公式表达更为简洁，省掉了两个指数项。指数项的来源分别为：其一，来源于 Gauss-Hermite 数值积分的式（2-26）中的指数项；其二，来源于式（2-28）正态随机变量的 PDF 中的指数项。

将式（2-27）与式（2-28）代入到式（2-26）中，并运用 Gauss-Hermite 数值积分法，则降维后仅含随机变量的一维函数 $g_i(x_i) = g(\mu_1, \cdots, \mu_{i-1}, x_i, \mu_{i+1}, \cdots, \mu_n)$ 的 k 阶原点矩可表达为：

$$
\begin{aligned}
m_{g_i(x_i)}^k &= \int_{-\infty}^{\infty} \left\{ [g_i(x_i)]^k \right\} f(x_i) \mathrm{d}x_i \\
&= \int_{-\infty}^{\infty} g(\mu_1, \cdots, \mu_{i-1}, x_i, \mu_{i+1}, \cdots, \mu_n)^k f(x_i) \mathrm{d}x_i \\
&= \int_{-\infty}^{\infty} g(\mu_1, \cdots, \mu_{i-1}, t^{-1}(u_i), \mu_{i+1}, \cdots, \mu_n)^k f(u_i) \mathrm{d}u_i \qquad (2\text{-}30) \\
&\cong \frac{1}{\sqrt{\pi}} \sum_{s=1}^{r} \omega_s [g_i(\mu_1, \cdots, \mu_{i-1}, t^{-1}(u_{i,s}), \mu_{i+1}, \cdots, \mu_n)]^k \\
&= \frac{1}{\sqrt{\pi}} \sum_{s=1}^{r} \omega_s [g_i(\boldsymbol{T})]^k
\end{aligned}
$$

式中，$\boldsymbol{T} = (\mu_1, \cdots, \mu_{i-1}, t^{-1}(u_{i,s}), \mu_{i+1}, \cdots, \mu_n)$，$t^{-1}(u_{i,s})$ 为高斯点。

2.3.5　Edgeworth 级数法

在实际工程结构设计中，结构失效概率或可靠度通常是设计人员最为关心和瞩目的评估指标之一。因此，在分析和计算过程中，首先必须掌握失效概率的 CDF 或联合 PDF。但在工程实践中，很难充分地掌握样本的统计信息，并给出其精准的分布类型说明，即便假定近似给出其相应的概率分布类型，但通常情况下，由于失效概率的积分区域不规则等原因而很难通过直接积分运算的形式进行求解。

运用功能函数的矩信息来拟合其累积分布函数与概率密度函数的方法有很多。其中比较典型的有：最大熵法，该方法对于多数情况，计算精度较为准确，但尤其对于常尾部分布类型的问题，计算结果误差较大，适用范围具有一定的局限性；多项式法，有限混合密度法，Pearson 系统，鞍点近似法等。上述方法在计算结果中存在奇异性或在近似过程中数值解不稳定等情况。

Edgeworth 级数展开法对变量的分布及其相应的分布类型无严格限定，仅运用设计参数的统计矩信息，并将其作为展开项的系数，即可得到结构功能函数的概率密度函数及其累积分布函数，从而获得结构的失效概率及结构可靠度。因而，本节采用 Edgeworth 级数方法，可将未知状态函数的概率分布展开为标准正态分布的表达式，进而计算得到结构的失效概率。

结构功能函数为 $g(x)$，对其进行标准化处理，即对其进行正则化，则可表达为：

$$\bar{g} = \frac{g - \mu_g}{\sqrt{\mu_g^2}} \qquad (2\text{-}31)$$

对 Edgeworth 级数进行展开，并将上述所获得的结构功能函数的各阶统计矩信息作为系数代入到该展开式中，可获得仅含有随机变量的结构功能函数的累积分布函数 $F(g)$ 和概率密度函数 $f(g)$，各自表达式可写为：

$$F(g) = \Phi(\overline{g}) - \frac{1}{3!}\frac{\mu_g^3}{(\sqrt{\mu_g^2})^3}\Phi^{(3)}(\overline{g}) + \cdots +$$

$$\frac{1}{4!}\left(\frac{\mu_g^4}{(\sqrt{\mu_g^2})^4} - 3\right)\Phi^{(4)}(\overline{g}) + \frac{10}{6!}\left(\frac{\mu_g^3}{(\sqrt{\mu_g^2})^3}\right)^2\Phi^{(6)}(\overline{g}) - \cdots \tag{2-32}$$

$$f(g) = \varphi(\overline{g}) - \frac{1}{3!}\frac{\mu_g^3}{(\sqrt{\mu_g^2})^3}\varphi^{(3)}(\overline{g}) + \cdots +$$

$$\frac{1}{4!}\left(\frac{\mu_g^4}{(\sqrt{\mu_g^2})^4} - 3\right)\varphi^{(4)}(\overline{g}) + \frac{10}{6!}\left(\frac{\mu_g^3}{(\sqrt{\mu_g^2})^3}\right)^2\varphi^{(6)}(\overline{g}) - \cdots \tag{2-33}$$

式中，$\Phi(\overline{g})$ 表示标准正态分布函数、$\Phi^{(i)}(\overline{g})$ 为 $\Phi(\overline{g})$ 的第 i 阶偏导函数。μ_g^2 为 n 维结构功能函数 $g(\boldsymbol{x})$ 的方差（第二阶中心矩）；μ_g^3 为 $g(\boldsymbol{x})$ 的第三阶中心矩；μ_g^4 为 $g(\boldsymbol{x})$ 的第四阶中心矩；由原点矩与中心矩间的下述关系式，并结合已获得的各阶原点矩，获得功能函数的中心矩：

$$\mu_g^2 = m_g^2 - (m_g^1)^2$$
$$\mu_g^3 = m_g^3 - 3m_g^2 m_g^1 + 2(m_g^3)^3 \tag{2-34}$$
$$\mu_g^4 = m_g^4 - 4m_g^3 m_g^1 + 6m_g^2(m_g^1)^2 - 3(m_g^1)^4$$

由于

$$P(g(\boldsymbol{x}) \leqslant 0) = P(\overline{g} \leqslant -\mu_g / \sqrt{\mu_g^2}) = P(\overline{g} \leqslant -\beta) \tag{2-35}$$

由上式可通过 Edgeworth 级数方法，计算得到结构的失效概率 P_f 和结构可靠度 P_r，两者的关系可由下式表达：

$$P_r = 1 - P(g(\boldsymbol{x}) \leqslant 0) = 1 - P(\overline{g} \leqslant -\beta) = 1 - P_f \tag{2-36}$$

2.4 程序实现

在上述小节中已详细描述了本章方法的基本思路，如图 2-5 所示，本章提出的关于高维非线性的复杂结构的可靠性分析问题的程序实现为：

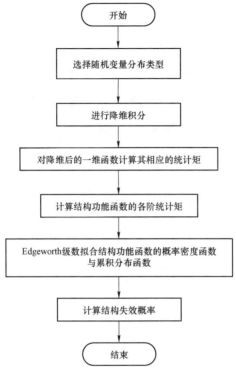

图 2-5 本章程序流程框图

为验证本章所提方法的正确性与有效性，通过以下算例进行验证。

2.5 基于降维算法的概率可靠性分析应用算例

（1）算例 1：非线性极限状态方程的失效概率计算

非线性极限状态方程含有 3 个随机变量，随机变量 H 服从对数正态分布，其均值为 32.8，变异系数为 0.03；变量 f,r 服从正态分布，$f \sim N(0.6, 0.078\,6^2)$，$r \sim N(2.18, 0.285\,58^2)$；非线性极限状态方程为：

$$g(f,r,H) = 567 fr - 0.5H^2 \tag{2-37}$$

计算式（2-37）的失效概率，以此来验证本章所提出方法的正确性。按照本章程序流程图，列出本章所提方法与 MCS 法、FORM、SORM 计算的失效概率结果进行比较,计算结果见表 2-2。由表 2-2 可发现利用本章所提方法,计算含有二次非线性极限状态方程的失效概率时,与工程中被普遍视为理论解的 MCS 方法结果比较接近,比传统的 FORM、SORM 计算精度高,且在计算过程中,运用本章所提方法无须求解结构功能函数的梯度;无须迭代求解 MPP 点。该算例有 3 个随机变量,仅需利用 9 个高斯点,即可获得失效概率。充分表明本章所提方法具有较好的可行性。

表 2-2　算例 1 的失效概率计算结果

方法	失效概率	相对误差/%	样本数
MCS	0.028 0	—	10
FORM	0.023 0	17.9	39
SORM	0.025 2	10.0	15
本章方法	0.026 7	4.6	9

(2)算例 2:平面十杆桁架结构的失效概率计算

平面十杆桁架结构如图 2-6 所示,材料基本属性: $\mu = 0.3$, $E = 2.1 \times 10^{11}$ Pa ,杆件 L 的长度为 3.6 m,杆 1 – 6 面积 A_1 均为 0.03 m²,杆 7 – 10 面积 A_2 为 0.02 m²。在节点 5 和 6 处施加平面约束,在节点 4 处施加竖直向下载荷 $P_1 = 750$ kN ,在节点 2 处施加竖直向下载荷 $P_2 = 950$ kN 和水平向右载荷 $P_3 = 950$ kN ,参数统计特征见表 2-3。节点 2 处垂直位移 Δ 不大于最大许用位移 $d_{\max} = 0.008$ m ,可得到平面十杆桁架垂直位移的结构功能函数表达式为:

$$g = d_{\max} - \Delta \tag{2-38}$$

表 2-3　十杆桁架参数统计特征

随机变量	均值	变异系数	分布类型
P_1/kN	750	0.10	对数正态
P_2/kN	950	0.12	对数正态
P_3/kN	950	0.11	正态分布

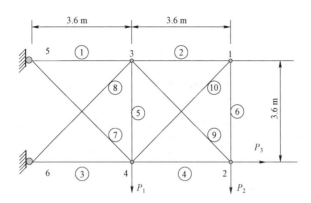

图 2-6　算例 2 的平面十杆桁架结构图

依据本章所提算法的计算流程，确定各变量服从的分布类型，利用变量转换公式，将各变量均转换为服从均值为 0，方差为 0.5 的正态分布变量；算例 2 中含有 3 个随机变量，且将每个变量对应选取 3 个高斯点；调用平面十杆桁架结构的有限元程序，可得在节点 2 处垂直方向最大位移的 9 个样本值，仅需利用这 9 个样本点即可获得降维后的 3 个一维函数的原点矩；通过一维函数的矩信息，从而获得垂直位移的结构功能函数的前四阶原点矩，并且通过原点矩与中心矩之间的关系表达式，可计算得到结构功能函数的前四阶中心矩；将所获得的中心矩作为 Edgeworth 级数表达式的系数，最终可获得节点 2 处垂直方向最大位移 $\varDelta$ 的概率密度函数表达式与累积分布函数表达式及其最终结构的失效概率。

按照上述计算过程，算例 2 的失效概率为 $6.046\,3\times10^{-4}$（表 2-4）。对比表 2-3 中其他传统方法的计算结果，发现运用降维算法计算得到的失效概率与理论解 MCS 计算的结果很接近，表明该方法解决此类问题的准确性。通过计算得到结果相对误差的比较，本章所提方法的相对误差仅为 0.77%，表明本章方法明显低于 8.77%（FORM）、12.99%（SORM）；通过样本数量的比较，本章所提方法仅利用 9 个样本点即可拟合出结构功能函数的累积分布函数与概率密度函数,并计算出结构失效概率,而传统的 FORM 和 SORM 方法,需要迭代 15 次,MCS 方法需要 10^4 个样本点。本章方法与 MCS 法关于结构功能函数的累积分布函数的对比图如图 2-7 所示,从图中可看出本章方法与 MCS 法吻合较好。充分体现了本章所构建模型的正确性。

表 2-4 算例 2 的失效概率计算结果

方法	失效概率 P_f /10^{-4}	相对误差/%	样本
MCS	6.000 0	—	10^4
FORM	6.526 2	8.77	15
SORM	6.779 9	13.00	15
本章方法	6.046 3	0.77	9

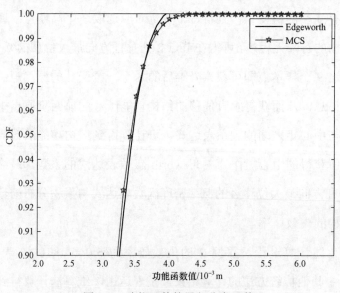

图 2-7 功能函数的累积分布函数

（3）算例 3：某简支梁的失效概率计算

某简支梁如图 2-8 所示,均布荷载 p,长 l,宽 b,高 h,材料的屈服强度 σ_s,均为随机变量,且均服从正态分布。随机参数特征见表 2-5。简支梁的结构功能函数为：

$$g(p,l,b,h,\sigma_s) = \sigma_s - \frac{0.75pl^2}{bh^2} \qquad (2\text{-}39)$$

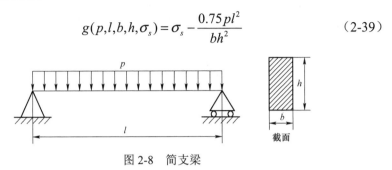

图 2-8　简支梁

表 2-5　随机变量参数统计特征

随机变量	分布类型	均值	变异系数
p /(kN/m)	正态分布	210	0.04
l/mm	正态分布	3 950	0.08
b/mm	正态分布	120	0.05
h/mm	正态分布	235	0.04
σ_s/MPa	正态分布	610	0.03

结合结构可靠度原理，计算简支梁功能函数的失效概率。采用本章所提方法的结果与 MCS 法的计算结果非常接近，与其他方法计算结果的比较见表 2-6；运用本章方法计算得到的功能函数的概率密度函数及累积分布函数如图 2-9 与图 2-10 所示，且其函数曲线与 MCS 法的结果吻合较好。表明了本章方法计算高维非线性结构的功能函数精度较高。

表 2-6　算例 3 的失效概率计算结果

方法	失效概率	相对误差/%	样本
MCS	0.002 388	—	10^7
FORM	0.002 943	23.24	16
SORM	0.002 877	20.48	16
本章方法	0.002 289	4.15	9

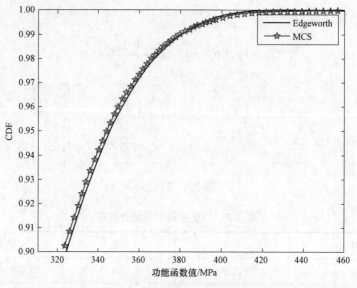

图 2-9　功能函数的累积分布函数

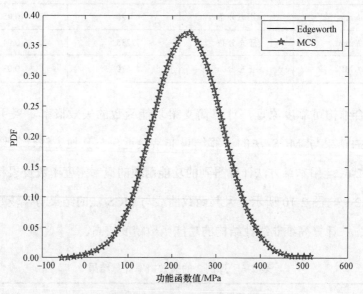

图 2-10　功能函数的概率密度函数

（4）算例 4：某曲柄滑块机构的失效概率计算

如图 2-11 所示为一曲柄滑块机构，材料屈服强度为 σ_s，曲柄长度为 a、连杆长度为 b、集中载荷为 F，偏心距 e、滑块与地面的摩擦系数 μ_f，横截

面直径 d_1、d_2 为常数，$d_1 = 28\ \text{mm}$，$d_2 = 56\ \text{mm}$。随机参数特征见表 2-7。根据应力–干涉理论，可建立曲柄滑块机构的功能函数，可由下式表达为：

$$g(a,b,F,e,\mu_f,\sigma_s) = \sigma_s - \frac{4F(b-a)}{\pi(\sqrt{(b-a)^2 - e^2} - \mu_f e)(d_2^2 - d_1^2)} \quad (2\text{-}40)$$

表 2-7　随机变量参数统计特征

随机变量	分布类型	均值	标准差
a/mm	正态分布	100	1
b/mm	正态分布	400	4
F/N	正态分布	280 000	28 000
e/mm	正态分布	130	1.100
μ_f	正态分布	0.180	0.012
σ_s/MPa	正态分布	217	2.200

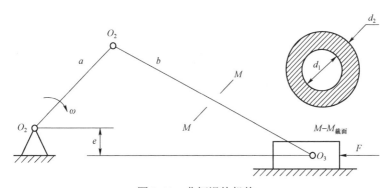

图 2-11　曲柄滑块机构

运用本章方法，计算曲柄滑块机构的功能函数的失效概率。计算结果见表 2-8。运用本章方法计算得到的功能函数的概率密度函数及累积分布函数如图 2-12 与图 2-13 所示，且其函数曲线与 MCS 法的结果吻合较好。采用本章所述方法计算失效概率的结果与作为准确解的 MCS 法的结果更为接近，且本章方法所采用的样本点数最少，相对误差最小。验证了本章所述方法的可行性与高效性。

表 2-8 算例 4 的失效概率计算结果

方法	失效概率	相对误差/%	样本
MCS	0.002 050	—	10^7
FORM	0.002 035	0.73	16
SORM	0.002 041	0.44	16
本章方法	0.002 052	0.10	9

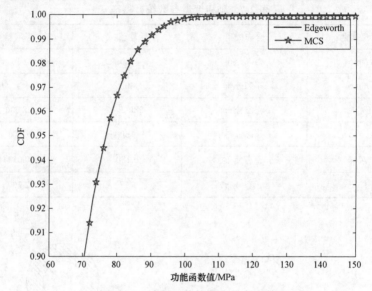

图 2-12 功能函数的累积分布函数

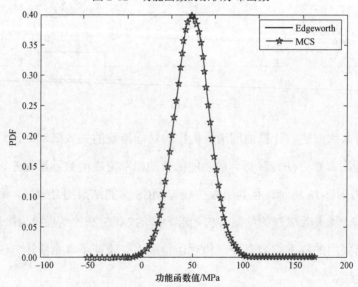

图 2-13 功能函数的概率密度函数

2.6　算例分析

本章通过四个算例，验证了基于降维算法，针对高维非线性的复杂结构可靠性分析问题的有效性与正确性。算例 1 为数值算例；算例 2 为平面十杆桁架结构；算例 3 为某简支梁结构；算例 4 为某曲柄滑块机构。此外，本章所提方法分别与 MCS 方法、FORM 方法、SORM 方法进行样本数量和计算精度的比较。在对比的过程中，以 MCS 方法所得的计算结果作为标准进行衡量。给出本章方法与 MCS 方法分别关于结构功能函数的概率密度函数与累积分布函数的图像拟合对比，从图中可观察到，本章方法与 MCS 方法的拟合程度较好。

2.7　本章小结

本章以可靠度理论为基础，针对工程实际中存在某些结构功能函数为隐式或高维非线性的情况，提出了一种基于降维算法的概率可靠性分析模型。该模型有效的避免了对功能函数的梯度与矩阵的逆的求解，大大降低了积分运算工作量；无须迭代求解 MPP 点；充分借助于 Edgeworth 级数展开法，仅需利用统计矩信息就可实现功能函数的失效概率的 CDF 与 PDF 的拟合。

第3章
主客观混合不确定性变量的
结构可靠性分析

3.1 引 言

不确定性可分为两类：其一，随机不确定性。它具有客观性，且该不确定性是不能减少的，通常运用概率模型对其进行描述；其二，认知不确定性。它具有主观性，且对于结构中的设计变量会随着设计者不断吸纳知识以及对于数据的处理、信息的掌握等，不确定性因素逐渐降低或减少。在处理不确定性问题过程中，可靠性分析问题关注的热点且研究成果也相对较多的理论，即概率可靠性理论。在工程实践当中，不但获取足够数量的样本较为困难，并且运用所获得的样本准确给出变量相适应的概率分布类型也不易。因而，在结构可靠性分析过程中，仅利用单一的概率可靠性理论对复杂结构进行结构可靠性分析，具有一定的局限性。因此，在处理复杂结构中存在的不确定性问题时，尤其对于结构中存在结构参数样本难以获取的情况；对于结构参数的概率分布类型不能准确给出解析表达式的情形等，也可采用非概率模型进行求解。在工程实践中存在某些较为复杂的结构，然而结构中混合不确定性参数可能存在以下几种情况：① 既含有随机变量，又带有区间变量；② 既含有随机变量，又带有模糊变量；③ 不仅含有随机变量，而且含有区间变量，又带有模糊变量,三种不确定性变量兼而有之等情况。因而,人们往往针对不同类型的混合不确定性变量,采用不同的可靠性分析模型。本章中针对含有混合不确定性变量的复杂结构,提出了一种新型的结构可靠性分析模型。

许多实际工程现象中,不但存在随机性,还具有模糊性以及区间性。由于随机性引起的不确定性具有两种基本形式:第一种,由于设计者测量等所得到数据的不确定性(即:在手册或标准中已给出了相应的确切数值,但其实际数据仍然存在不确定性);第二种,受到工作人员的影响,或随年份、季节、时间等因素的影响引起的不确定性。如前所述,也可用模糊性来反映工程实际结构中存在的不确定性。模糊概念的提出,打破了人们往往习惯于精确地描述或表达事物性质的观念,尤其在数学方面,对精确性的要求更为严格。随着科技的进步、人们对事物本质认识的不断深入,对于数学工具掌握能力的不断增强,学者们逐渐认识到对事物的精确性往往很难准确描述,有时甚至无从下手。模糊性与随机性存在本质上的不同,后者虽然无法控制事件的发生,但事件的发生可运用数学工具给出明确的结果。例如,投掷一枚硬币,虽不知道出现的是“正面”或“反面”,但一旦出现两者之一,就可运用统计学知识,获得发生事件概率的大小;前者对于事件的内涵是清晰的,但事物存在由差异的一方中间过渡到另一方的状态,即事物的外延是不明确的,从而导致结构出现“亦此亦彼”的现象。模糊性主要表现在设计目标与约束条件、设计准则,也体现在结构的材料属性、荷载等方面。运用模糊数学理论对其进行分析,运用模糊变量来描述事物的模糊不确定性。由于随机性与模糊性对于数学理论要求相当严格,然而在工程实践中较难获得满足两者要求的样本数据,但样本数据界限的获得,往往相对而言较为容易,此类不确定性称为非概率有界不确定性,其应用也较为广泛。例如结构设计中的公差、结构近似计算的计算误差等,均存在结构的有界不确定性。用来描述此类不确定性问题的模型主要有以下几个:区间模型、超椭球凸集模型、能量有界模型、斜率有界模型等。前两者是非概率集合理论中研究较多的模型。与概率模型相比，非概率有界模型无须通过获得大量的数据并给出数据准确的分布类型，而仅需要掌握样本信息的界限即可。因此，所需获得的样本数量相比概率模型是少之又少的，若此时仍采用概率模型进行不确定性分析，那么所得计算结果是无意义的。非概率理论应用于工程实践的问题，通常选用集合方式进行描述，并且在集合内部无须给出概率分布类型。其中区间模型较为简单，并且仅需要利用结构参数的上下界即可。区间模型运用区间变量来描述事物的非概率不确定性。

处理不确定性问题的数学模型构成了"不确定性三角"，即为概率、模糊、非概率集合模型。如图 3-1 所示。在工程结构中，仅含有单一不确定性问题的情况相比于含有主客观混合不确定性共存的情形是比较少见的。从问题的复杂程度讲，主客观混合不确定性变量共存问题的求解更为复杂，单一不确定性问题的求解相对而言较为简单。

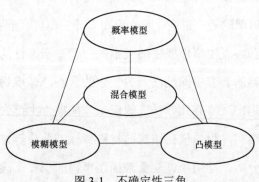

图 3-1　不确定性三角

本章结合降维算法与模糊数学中的截集技术、泰勒展开法、统计矩概念、Edgeworth 级数等方法，提出了主客观混合不确定性变量的结构可靠性分析模型。首先，简单介绍了主观不确定性变量的基本概念，研究主客观混合不确定性分析的统一模型；其次，根据统一模型给出相应的简化模型。通过数值算例验证本章所提模型的正确性。

3.2 主观不确定性变量基本概念

3.2.1 不确定性的凸集模型的描述

凸集模型是定量化地对不确定性参数进行描述的分析工具。其几何表现形式有很多种，包含一维直线、多维箱体以及椭球体等。可用函数或向量的凸集合来表示凸集模型。集合中的各个元素的映射反映其所对应的不确定性事件的可能实现。不确定事件可包含由制造环境、技术条件等引起弹性模量、质量、密度等不确定；由安装制造误差而引起梁、柱的横截面积、惯性矩等不确定；由测量条件而引起作用在结构上的载荷等不确定；由结构的复杂性而导致结构–结构的连接、构件–构件的连接等边界条件等不确定。凸模型的构建简单且适用性强。由于区间模型表达简便，所需样本信息较少、计算简单、工作量小、易于编程等优点，使得区间模型成为目前已有的凸模型中应用较为广泛且研究较为深入的模型之一。区间模型也称为包络有界凸集模型。区间模型表示未知函数0阶导数的有界性。通常情况下运用区间模型来描述各尺寸公差、作用在结构上的载荷、容器的缺陷与不完善性等。

3.2.2 区间变量

区间模型可由表达结构设计变量的上下界区间集合进行描述。由区间数学理论可知，区间数可由一对有序实数进行定义。实数集为 $\mathbf{R}$，任意给定两个实数 $y^{\mathrm{L}} \in \mathbf{R}$，$y^{\mathrm{R}} \in \mathbf{R}$，且 $y^{\mathrm{L}} \leqslant y^{\mathrm{R}}$，则在实数集 $\mathbf{R}$ 上的有界闭区间可表达为：

$$y^{\mathrm{I}} = [y^{\mathrm{L}}, y^{\mathrm{R}}] = \{y \mid y \in \mathbf{R}, y^{\mathrm{L}} \leqslant y \leqslant y^{\mathrm{R}}\} \tag{3-1}$$

式中，y 为区间变量；y^{I} 为区间数；y^{L} 为 y^{I} 的下界；y^{R} 为 y^{I} 的上界。区间数 y^{I} 的几个基本特征量：y^{I} 的均值 y^{c}、y^{I} 的半径或离差 y^{r}、y^{I} 的宽度 $\omega(y^{\mathrm{I}})$，

各个量的定义式可分别表达为：

$$y^c = m(y^I) = \frac{y^L + y^R}{2} \qquad (3\text{-}2)$$

$$y^r = \text{rad}(y^I) = \frac{y^R - y^L}{2} \qquad (3\text{-}3)$$

$$\omega(y^I) = 2y^r = y^R - y^L \qquad (3\text{-}4)$$

引入标准化区间 $e_\Delta = [-1,1]$ 以及标准化区间变量 $\delta \in e_\Delta$，则区间变量及其所在区间可写为：

$$y = y^c + y^r \delta = [y^L, y^R] = y^c + y^r e_\Delta \qquad (3\text{-}5)$$

3.2.3　模糊集合与隶属函数

在工程实践中，结构中不确定性变量的随机性与模糊性通常是共存的。在结构设计中的许多现象，不但存在着大量的随机性问题，也会遇到模糊性问题。模糊性体现了实际中存在的不分明现象。经典集合论成立的基础是遵循排中律，集合的概念是清晰的，集合内的任意元素对于集合存在非此即彼的性质。其表达方式通常有以下几种：列举法、特征函数法、描述法等。1965年美国控制论专家 L.Zadeh 提出了拓展普通集合应用范围的模糊集合，并开创了模糊数学这一新方向。

设 U 为论域，$\tilde{A}$ 为 U 的任一子集，y 为 U 内的任意元素，即 $y \in U$，函数

$$\mu_{\tilde{A}}(y) : U \to [0,1] \qquad (3\text{-}6)$$

给出 $\mu_{\tilde{A}}(y) \in [0,1]$ 与之对应。$\mu_{\tilde{A}}(y)$ 反映了元素 y 隶属于集合 $\tilde{A}$ 的程度，$\tilde{A}$ 为 U 上的模糊子集，$\mu_{\tilde{A}}(y)$ 为 $\tilde{A}$ 的隶属度函数。确定隶属度函数的方法有以下几种：① 模糊统计法；② 三分法；③ 概率分布分析法；④ 二元对比排序法等。从式（3-6）不难看出，若 $\mu_{\tilde{A}}(y)$ 仅取到边界值 0 与 1 时，则模糊集合 $\tilde{A}$ 就蜕化为普通集合。模糊集合 $\tilde{A}$ 还有以下几种表示法，分别可写为：

① 一般情况

$$\tilde{A} = \{(u, \mu_{\tilde{A}}(y)) \mid u \in U\} \qquad (3\text{-}7)$$

② U 为有限集或可数集

$$\tilde{A} = \sum \mu_{\tilde{A}}(y_i) / y_i \qquad (3\text{-}8)$$

③ U 为无限不可数集

$$\tilde{A} = \int \mu_{\tilde{A}}(y_i) / y_i \qquad (3\text{-}9)$$

式中，$/$、$\sum$、$\int$ 均表示元素 y 与 $\mu_{\tilde{A}}(y)$ 的对应关系。

设 $\tilde{A}$ 和 $\tilde{B}$ 是论域 U 上的两个模糊子集，模糊集合的 $\cup$、$\cap$、$\cdot^c$ 运算为：

（1）$\tilde{A} \subset \tilde{B} \Leftrightarrow \mu_{\tilde{A}}(y) \leqslant \mu_{\tilde{B}}(y)$，$\forall y \in U$；

（2）若 $\tilde{A} = \tilde{B} \Leftrightarrow \mu_{\tilde{A}}(y) = \mu_{\tilde{B}}(y)$，$\forall y \in U$；

（3）若 $\tilde{C} = \tilde{A} \cup \tilde{B}$，则 $\mu_{\tilde{C}}(y) = \mu_{\tilde{A}}(y) \vee \mu_{\tilde{B}}(y)$；

（4）若 $\tilde{D} = \tilde{A} \cap \tilde{B}$，则 $\mu_{\tilde{D}}(y) = \mu_{\tilde{A}}(y) \wedge \mu_{\tilde{B}}(y)$；

（5）若 $\tilde{E} = \tilde{A}^c$，则 $\mu_{\tilde{E}}(y) = 1 - \mu_{\tilde{A}}(y)$；

（6）若 $\tilde{A} = \phi$，则 $\mu_{\tilde{A}}(y) = 0$；

（7）若 $\tilde{A} = U$，则 $\mu_{\tilde{A}}(y) = 1$；

上述讨论了模糊集合的表示方法与基本运算，然而更为重要的是研究隶属度函数及其表示方法。在模糊数学发展的过程中，学者们研究了许多形式的隶属度函数，且其参数由工程实际问题具体情况而定。较为常用的隶属度函数为：梯形隶属度函数、正态隶属度函数、Γ 型隶属度函数、柯西隶属度函数、岭型隶属度函数等。对任意类型的隶属度函数均需要明确函数转折点以及定义域的上下界来界定。

3.2.4　λ 截集技术

λ 截集是构建模糊集合与普通集合联系的有效桥梁，即可实现用不模糊的判决来描述模糊现象。对于普通集合来说，要想表述 $y \in U$，必须满足 $\mu_{\tilde{A}}(y) = 1$；但对于模糊集合来说，要满足这样的情况很困难，需要修改条件，即将 1 修改为 $\lambda \in [0,1]$，且 $\mu_{\tilde{A}}(y) \geqslant \lambda$ 时，才能满足 y 为 U 中的元素。设 $\tilde{A}$ 为 U 上的任意模糊集合，对任意 $\lambda \in [0,1]$，则有如下表示：

$$\tilde{A}_\lambda = \{y \mid y \in U, \mu_{\tilde{A}} \geqslant \lambda\} \tag{3-10}$$

称 $\tilde{A}_\lambda$ 为 $\tilde{A}$ 的 λ 截集或 λ 水平截集；称 λ 为置信水平或阈值。对于任意不确定变量，λ 截集能给出一个区间上下界的两个点，如任一模糊变量 $\tilde{y}$，任意 $\lambda \in [0,1]$，可得到区间 $y_\lambda = [a_\lambda, b_\lambda]$，即将模糊变量转变为 λ 截集下与之相对应的区间变量，如图 3-2 所示。

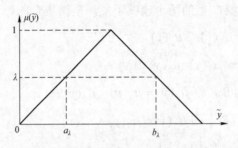

图 3-2　模糊变量与 λ 截集关系图

3.3　主客观混合可靠性分析

3.3.1　主客观混合可靠性分析的统一模型

在研究结构可靠性分析时，往往主客观不确定性变量是同时存在的。因而，首先应考虑到结构参数中含有随机变量、模糊变量和非概率而有界变量问题，将非概率而有界变量描述为区间凸集模型，由基本参数变量决定的结构功能函数将成为由主客观混合不确定性变量组成的函数，则结构功能函数 $Z = g(\boldsymbol{x}, \boldsymbol{y}^{\mathrm{I}}, \tilde{\boldsymbol{z}})$ 可表示为：

$$Z = g(\boldsymbol{x}, \boldsymbol{y}^{\mathrm{I}}, \tilde{\boldsymbol{z}}) = g(x_1, \cdots, x_n, y_{n+1}^{\mathrm{I}}, \cdots, y_p^{\mathrm{I}}, \tilde{z}_{p+1}, \cdots, \tilde{z}_m) \tag{3-11}$$

式中，$\boldsymbol{x} = (x_1, x_2, \cdots, x_n)$ 为相互独立的随机向量，$\boldsymbol{y}^{\mathrm{I}} = (y_{n+1}^{\mathrm{I}}, \cdots, y_p^{\mathrm{I}})$ 为相互独立的区间向量；$\tilde{\boldsymbol{z}} = (\tilde{z}_{p+1}, \cdots, \tilde{z}_m)$ 为相互独立的模糊向量。在工程实践中，通常认为随机变量、区间变量、模糊变量，三者之间是相互独立的。

通过模糊数学中的截集技术，将上式中的模糊变量任取 λ 截集，从而有效地将模糊变量转化为在 λ 水平截集下的区间变量，便于运用区间理论进行工程分析。因此，当模糊变量任取 λ 截集时，可实现含有随机 – 区间 – 模糊变量的功能函数有效转化为含有随机 – 区间变量的功能函数。则可将上式改写为：

$$Z_\lambda = g(\boldsymbol{x}, \boldsymbol{y}^{\mathrm{I}}, z_\lambda^{\mathrm{I}}) = g(x_1, \cdots, x_n, y_{n+1}^{\mathrm{I}}, \cdots, y_p^{\mathrm{I}}, z_{\lambda_{p+1}}^{\mathrm{I}}, \cdots, z_{\lambda_m}^{\mathrm{I}}) \tag{3-12}$$

再对上式进行单变量降维表达，则其表达式可表达为：

$$g(\boldsymbol{x}, \boldsymbol{y}^{\mathrm{I}}, z_\lambda^{\mathrm{I}}) = \sum_{i=1}^n g(x_i, \boldsymbol{y}^{\mathrm{I}}, z_\lambda^{\mathrm{I}}) - (n-1)g_0(\boldsymbol{c}, \boldsymbol{y}^{\mathrm{I}}, z_\lambda^{\mathrm{I}}) \tag{3-13}$$

在 $\boldsymbol{y}^{\mathrm{I}}, z_\lambda^{\mathrm{I}}$ 处对上式进行泰勒展开，则可写为：

$$
\begin{aligned}
g(\boldsymbol{x}, \boldsymbol{y}^{\mathrm{I}}, z_\lambda^{\mathrm{I}}) &= \sum_{i=1}^n g(x_i, \boldsymbol{y}^{\mathrm{I}}, z_\lambda^{\mathrm{I}}) - (n-1)g_0(\boldsymbol{c}, \boldsymbol{y}^{\mathrm{I}}, z_\lambda^{\mathrm{I}}) \\
&= \sum_{i=1}^n \left\{ g(x_i, \boldsymbol{y}^c, z_\lambda^c) + \frac{\displaystyle\sum_{j=n+1}^p \partial g(x_i, \boldsymbol{y}^c, z_\lambda^c)}{\partial y_j}(y_j^{\mathrm{I}} - y_j^c) + \cdots \right. \\
&\quad \left. \frac{\displaystyle\sum_{q=p+1}^m \partial g(x_i, \boldsymbol{y}^c, z_\lambda^c)}{\partial z_{q\lambda}}(z_{q\lambda}^{\mathrm{I}} - z_{q\lambda}^c) \right\} - (n-1)g_0(\boldsymbol{c}, \boldsymbol{y}^c, z_\lambda^c) + \cdots \\
&\quad - (n-1)\left\{ \frac{\displaystyle\sum_{j=n+1}^p \partial g_0(\boldsymbol{c}, \boldsymbol{y}^c, z_\lambda^c)}{\partial y_j}(y_j^{\mathrm{I}} - y_j^c) + \cdots \frac{\displaystyle\sum_{q=p+1}^m \partial g_0(\boldsymbol{c}, \boldsymbol{y}^c, z_\lambda^c)}{\partial z_{q\lambda}}(z_{q\lambda}^{\mathrm{I}} - z_{q\lambda}^c) \right\} \\
&= \sum_{i=1}^n \left\{ g(x_i, \boldsymbol{y}^c, z_\lambda^c) + \left.\sum_{j=n+1}^p \frac{\partial g(x_i, \boldsymbol{y}^c, z_\lambda^c)}{\partial y_j}\Delta y_j\right|e_\Delta + \cdots \right. \\
&\quad \left. \left.\sum_{q=p+1}^m \frac{\partial g(x_i, \boldsymbol{y}^c, z_\lambda^c)}{\partial z_{q\lambda}}\Delta z_{q\lambda}\right|e_\Delta \right\} - (n-1)g_0(\boldsymbol{c}, \boldsymbol{y}^c, z_\lambda^c) + \cdots \\
&\quad - (n-1)\left\{ \left.\sum_{j=n+1}^p \frac{\partial g_0(\boldsymbol{c}, \boldsymbol{y}^c, z_\lambda^c)}{\partial y_j}\Delta y_j\right|e_\Delta + \cdots \left.\sum_{q=p+1}^m \frac{\partial g_0(\boldsymbol{c}, \boldsymbol{y}^c, z_\lambda^c)}{\partial z_{q\lambda}}\Delta z_{q\lambda}\right|e_\Delta \right\}
\end{aligned}
$$

$$\tag{3-14}$$

可将上式简写为如下形式：

$$g(\boldsymbol{x}, \boldsymbol{y}^{\mathrm{I}}, z_\lambda^{\mathrm{I}}) = \sum_{i=1}^{n} h_i - (n-1)h_0 \tag{3-15}$$

式中，h_i 与 h_0 可分别表达为：

$$h_i = g(x_i, \boldsymbol{y}^c, z_\lambda^c) + \left| \sum_{j=n+1}^{p} \frac{\partial g(x_i, \boldsymbol{y}^c, z_\lambda^c)}{\partial y_j} \Delta y_j \right| e_\Delta + \cdots$$
$$\left| \sum_{q=p+1}^{m} \frac{\partial g(x_i, \boldsymbol{y}^c, z_\lambda^c)}{\partial z_{q\lambda}} \Delta z_{q\lambda} \right| e_\Delta \tag{3-16}$$

$$h_0 = g_0(\boldsymbol{c}, \boldsymbol{y}^c, z_\lambda^c) + \left| \sum_{j=n+1}^{p} \frac{\partial g_0(\boldsymbol{c}, \boldsymbol{y}^c, z_\lambda^c)}{\partial y_j} \Delta y_j \right| e_\Delta + \cdots$$
$$\left| \sum_{q=p+1}^{m} \frac{\partial g_0(\boldsymbol{c}, \boldsymbol{y}^c, z_\lambda^c)}{\partial z_{q\lambda}} \Delta z_{q\lambda} \right| e_\Delta \tag{3-17}$$

当结构功能函数中 $\dfrac{\partial g_0(\boldsymbol{c}, \boldsymbol{y}^c, z_\lambda^c)}{\partial y_j}$ 与 $\dfrac{\partial g_0(\boldsymbol{c}, \boldsymbol{y}^c, z_\lambda^c)}{\partial z_{q\lambda}}$ 为显式时，则可直接通过求导获得；当结构功能函数中 $\dfrac{\partial g_0(\boldsymbol{c}, \boldsymbol{y}^c, z_\lambda^c)}{\partial y_j}$ 与 $\dfrac{\partial g_0(\boldsymbol{c}, \boldsymbol{y}^c, z_\lambda^c)}{\partial z_{q\lambda}}$ 为隐式时，则可运用区间有限元方法进行求解。式中，h_i 与 h_0 的上下界，可通过泰勒展开获得，其各自的表达式可写为如下形式：

$$h_i^{\mathrm{R}} = g(x_i, \boldsymbol{y}^c, z_\lambda^c) + \left| \sum_{j=n+1}^{p} \frac{\partial g(x_i, \boldsymbol{y}^c, z_\lambda^c)}{\partial y_j} \Delta y_j \right| + \left| \sum_{q=p+1}^{m} \frac{\partial g(x_i, \boldsymbol{y}^c, z_\lambda^c)}{\partial z_{q\lambda}} \Delta z_{q\lambda} \right| \tag{3-18}$$

$$h_i^{\mathrm{L}} = g(x_i, \boldsymbol{y}^c, z_\lambda^c) - \left| \sum_{j=n+1}^{p} \frac{\partial g(x_i, \boldsymbol{y}^c, z_\lambda^c)}{\partial y_j} \Delta y_j \right| - \left| \sum_{q=p+1}^{m} \frac{\partial g(x_i, \boldsymbol{y}^c, z_\lambda^c)}{\partial z_{q\lambda}} \Delta z_{q\lambda} \right| \tag{3-19}$$

$$h_0^{\mathrm{R}} = g_0\left(\boldsymbol{c}, \boldsymbol{y}^c, z_\lambda^c\right) + \left| \sum_{j=n+1}^{p} \frac{\partial g_0(\boldsymbol{c}, \boldsymbol{y}^c, z_\lambda^c)}{\partial y_j} \Delta y_j \right| + \left| \sum_{q=p+1}^{m} \frac{\partial g_0(\boldsymbol{c}, \boldsymbol{y}^c, z_\lambda^c)}{\partial z_{q\lambda}} \Delta z_{q\lambda} \right| \tag{3-20}$$

$$h_0^{\mathrm{L}} = g_0\left(\boldsymbol{c}, \boldsymbol{y}^c, z_\lambda^c\right) - \left| \sum_{j=n+1}^{p} \frac{\partial g_0(\boldsymbol{c}, \boldsymbol{y}^c, z_\lambda^c)}{\partial y_j} \Delta y_j \right| - \left| \sum_{q=p+1}^{m} \frac{\partial g_0(\boldsymbol{c}, \boldsymbol{y}^c, z_\lambda^c)}{\partial z_{q\lambda}} \Delta z_{q\lambda} \right| \tag{3-21}$$

由式（3-18）~式（3-21），可通过计算获得结构功能函数 $g(\boldsymbol{x}, \boldsymbol{y}^{\mathrm{I}}, z_\lambda^{\mathrm{I}})$ 的上下界表达式，可分别写为：

$$[g(\boldsymbol{x},\boldsymbol{y}^{\mathrm{I}},z_{\lambda}^{\mathrm{I}})]^{\mathrm{R}} = \left(\sum_{i=1}^{n} h_i^{\mathrm{R}}\right) - (n-1)h_0^{\mathrm{L}} \tag{3-22}$$

$$[g(\boldsymbol{x},\boldsymbol{y}^{\mathrm{I}},z_{\lambda}^{\mathrm{I}})]^{\mathrm{L}} = \left(\sum_{i=1}^{n} h_i^{\mathrm{L}}\right) - (n-1)h_0^{\mathrm{R}} \tag{3-23}$$

借助于二项式定理与统计矩概念，式（3-22）与式（3-23）的上下界的 k 阶原点矩的表达式，可分别写为：

$$
\begin{aligned}
m_{g^{\mathrm{R}}}^{(k)} &= E([g(\boldsymbol{x},\boldsymbol{y}^{\mathrm{I}},z_{\lambda}^{\mathrm{I}})]^{\mathrm{R}})^k = \sum_{l=0}^{k} C_k^l \left(\sum_{i=1}^{n} h_i^{\mathrm{R}}\right)^l [-(n-1)h_0^{\mathrm{L}}]^{k-l} \\
&= \sum_{l=0}^{k} C_k^l \sum_{i_1=1}^{l} C_l^{i_1} m_{h_1^{\mathrm{R}}}^{i_1} \sum_{i_2=2}^{i_1} C_{i_1}^{i_2} m_{h_2^{\mathrm{R}}}^{i_2} \cdots \sum_{i_j=j}^{i_{j-1}} C_{i_{j-1}}^{i_{j-1}-i_j} m_{h_j^{\mathrm{R}}}^{i_{j-1}-i_j} \times \cdots \\
&\quad \times \sum_{i_n=n}^{i_{n-1}} C_{i_{n-1}}^{i_n} m_{h_n^{\mathrm{R}}}^{i_{n-1}-i_n} \times [-(n-1)h_0^{\mathrm{L}}]^{k-l}
\end{aligned} \tag{3-24}
$$

$$
\begin{aligned}
m_{g^{\mathrm{L}}}^{(k)} &= E([g(\boldsymbol{x},\boldsymbol{y}^{\mathrm{I}},z_{\lambda}^{\mathrm{I}})]^{\mathrm{L}})^k = \sum_{l=0}^{k} C_k^l \left(\sum_{i=1}^{n} h_i^{\mathrm{L}}\right)^l [-(n-1)h_0^{\mathrm{R}}]^{k-l} \\
&= \sum_{l=0}^{k} C_k^l \sum_{i_1=1}^{l} C_l^{i_1} m_{h_1^{\mathrm{L}}}^{i_1} \sum_{i_2=2}^{i_1} C_{i_1}^{i_2} m_{h_2^{\mathrm{L}}}^{i_2} \cdots \sum_{i_j=j}^{i_{j-1}} C_{i_{j-1}}^{i_{j-1}-i_j} m_{h_j^{\mathrm{L}}}^{i_{j-1}-i_j} \times \cdots \\
&\quad \times \sum_{i_n=n}^{i_{n-1}} C_{i_{n-1}}^{i_n} m_{h_n^{\mathrm{L}}}^{i_{n-1}-i_n} \times [-(n-1)h_0^{\mathrm{R}}]^{k-l}
\end{aligned} \tag{3-25}
$$

式中，$m_{g(\boldsymbol{x},\boldsymbol{y}^{\mathrm{I}},z_{\lambda}^{\mathrm{I}})}^{(k)}$ 为 $g(\boldsymbol{x},\boldsymbol{y}^{\mathrm{I}},z_{\lambda}^{\mathrm{I}})$ 的 k 阶原点矩。

针对于随机变量，结合变量转换与 Gauss-Hermite 积分方法，则可通过计算获得上式中 $h_i = h(\mu_1,\cdots,\mu_{i-1},x_i,\mu_{i+1},\cdots,\mu_n,\boldsymbol{y}^{\mathrm{I}},z_{\lambda}^{\mathrm{I}})$ 的 k 阶原点矩，其表达式可写为：

$$
\begin{aligned}
m_{h_i}^k &= \int_{-\infty}^{\infty} (h_i)^k f(x_i)\mathrm{d}x_i \\
&= \int_{-\infty}^{\infty} h(\mu_1,\cdots,\mu_{i-1},x_i,\mu_{i+1},\cdots,\mu_n,\boldsymbol{y}^{\mathrm{I}},z_{\lambda}^{\mathrm{I}})^k f(x_i)\mathrm{d}x_i \\
&= \int_{-\infty}^{\infty} h(\mu_1,\cdots,\mu_{i-1},t^{-1}(u_i),\mu_{i+1},\cdots,\mu_n,\boldsymbol{y}^{\mathrm{I}},z_{\lambda}^{\mathrm{I}})^k f(u_i)\mathrm{d}u_i \\
&\cong \frac{1}{\sqrt{\pi}} \sum_{s=1}^{r} \omega_s [h_i(\mu_1,\cdots,\mu_{i-1},t^{-1}(u_{i,s}),\mu_{i+1},\cdots,\mu_n,\boldsymbol{y}^{\mathrm{I}},z_{\lambda}^{\mathrm{I}})]^k \\
&= \frac{1}{\sqrt{\pi}} \sum_{s=1}^{r} \omega_s [h_i(\boldsymbol{T},\boldsymbol{y}^{\mathrm{I}},z_{\lambda}^{\mathrm{I}})]^k
\end{aligned} \tag{3-26}
$$

式中，$\boldsymbol{T} = (\mu_1, \cdots, \mu_{i-1}, t^{-1}(u_{i,s}), \mu_{i+1}, \cdots, \mu_n)$；$t^{-1}(u_{i,s})$ 为高斯点。

$m_{h_i}^k$ 的上下界则可表达为：

$$m_{h_i^R}^k = \int_{-\infty}^{\infty} \left[\left(\sum_{i=1}^n h_i\right)^R\right]^k f(x_i)\mathrm{d}x_i = \frac{1}{\sqrt{\pi}} \sum_{s=1}^r \omega_s ([h_i(\boldsymbol{T}, \boldsymbol{y}^\mathrm{I}, z_\lambda^\mathrm{I})]^R)^k \quad (3\text{-}27)$$

$$m_{h_i^L}^k = \int_{-\infty}^{\infty} \left[\left(\sum_{i=1}^n h_i\right)^L\right]^k f(x_i)\mathrm{d}x_i = \frac{1}{\sqrt{\pi}} \sum_{s=1}^r \omega_s ([h_i(\boldsymbol{T}, \boldsymbol{y}^\mathrm{I}, z_\lambda^\mathrm{I})]^L)^k \quad (3\text{-}28)$$

将式（3-27）与式（3-28）代入到式（3-24）与（3-25），可通过计算得到含有随机–区间–模糊变量的结构功能函数 $g(\boldsymbol{x}, \boldsymbol{y}^\mathrm{I}, z_\lambda^\mathrm{I})$ 的 k 阶原点矩，依据原点矩与中心矩间关系，从而获得 $g(\boldsymbol{x}, \boldsymbol{y}^\mathrm{I}, z_\lambda^\mathrm{I})$ 的 k 阶中心矩，将所获得矩信息代入到 Edgeworth 级数中，可通过计算得到 $g(\boldsymbol{x}, \boldsymbol{y}^\mathrm{I}, z_\lambda^\mathrm{I})$ 失效概率的 PDF 与 CDF 上下界的表达式，$[F(g)]^\mathrm{R}$ 与 $[F(g)]^\mathrm{L}$、$[f(g)]^\mathrm{R}$ 与 $[f(g)]^\mathrm{L}$ 其各自的表达式可写为：

$$[F(g)]^\mathrm{R} = \Phi(\bar{g}) - \frac{1}{3!}\frac{(\mu_g^3)^\mathrm{R}}{[(\sqrt{\mu_g^2})^3]^\mathrm{R}}\Phi^{(3)}(\bar{g}) + \cdots$$
$$+ \frac{1}{4!}\left(\frac{(\mu_g^4)^\mathrm{R}}{[(\sqrt{\mu_g^2})^4]^\mathrm{R}} - 3\right)\Phi^{(4)}(\bar{g}) + \frac{10}{6!}\left(\frac{(\mu_g^3)^\mathrm{R}}{[(\sqrt{\mu_g^2})^3]^\mathrm{R}}\right)^2\Phi^{(6)}(\bar{g}) - \cdots \quad (3\text{-}29)$$

$$[F(g)]^\mathrm{L} = \Phi(\bar{g}) - \frac{1}{3!}\frac{(\mu_g^3)^\mathrm{L}}{[(\sqrt{\mu_g^2})^3]^\mathrm{L}}\Phi^{(3)}(\bar{g}) + \cdots$$
$$+ \frac{1}{4!}\left(\frac{(\mu_g^4)^\mathrm{L}}{[(\sqrt{\mu_g^2})^4]^\mathrm{L}} - 3\right)\Phi^{(4)}(\bar{g}) + \frac{10}{6!}\left(\frac{(\mu_g^3)^\mathrm{L}}{[(\sqrt{\mu_g^2})^3]^\mathrm{L}}\right)^2\Phi^{(6)}(\bar{g}) - \cdots \quad (3\text{-}30)$$

$$[f(g)]^\mathrm{R} = \varphi(\bar{g}) - \frac{1}{3!}\frac{(\mu_g^3)^\mathrm{R}}{[(\sqrt{\mu_g^2})^3]^\mathrm{R}}\varphi^{(3)}(\bar{g}) + \cdots$$
$$+ \frac{1}{4!}\left(\frac{(\mu_g^4)^\mathrm{R}}{[(\sqrt{\mu_g^2})^4]^\mathrm{R}} - 3\right)\varphi^{(4)}(\bar{g}) + \frac{10}{6!}\left(\frac{(\mu_g^3)^\mathrm{R}}{[(\sqrt{\mu_g^2})^3]^\mathrm{R}}\right)^2\varphi^{(6)}(\bar{g}) - \cdots \quad (3\text{-}31)$$

$$[f(g)]^{\mathrm{L}} = \varphi(\bar{g}) - \frac{1}{3!}\frac{(\mu_g^3)^{\mathrm{L}}}{[(\sqrt{\mu_g^2})^3]^{\mathrm{L}}}\varphi^{(3)}(\bar{g}) + \cdots$$

$$+ \frac{1}{4!}\left(\frac{(\mu_g^4)^{\mathrm{L}}}{[(\sqrt{\mu_g^2})^4]^{\mathrm{L}}} - 3\right)\varphi^{(4)}(\bar{g}) + \frac{10}{6!}\left(\frac{(\mu_g^3)^{\mathrm{L}}}{[(\sqrt{\mu_g^2})^3]^{\mathrm{L}}}\right)^2\varphi^{(6)}(\bar{g}) - \cdots \qquad （3-32）$$

由原点矩与中心矩间的关系，则可得到中心矩的上界表达式为：

$$(\mu_g^2)^{\mathrm{R}} = (m_g^2)^{\mathrm{R}} - [(m_g^1)^{\mathrm{R}}]^2$$

$$(\mu_g^3)^{\mathrm{R}} = (m_g^3)^{\mathrm{R}} - 3(m_g^2)^{\mathrm{R}}(m_g^1)^{\mathrm{R}} + 2[(m_g^3)^{\mathrm{R}}]^3 \qquad （3-33）$$

$$(\mu_g^4)^{\mathrm{R}} = (m_g^4)^{\mathrm{R}} - 4(m_g^3)^{\mathrm{R}}(m_g^1)^{\mathrm{R}} + 6(m_g^2)^{\mathrm{R}}[(m_g^1)^{\mathrm{R}}]^2 - 3[(m_g^1)^{\mathrm{R}}]^4$$

中心矩的下界表达式为：

$$(\mu_g^2)^{\mathrm{L}} = (m_g^2)^{\mathrm{L}} - [(m_g^1)^{\mathrm{L}}]^2$$

$$(\mu_g^3)^{\mathrm{L}} = (m_g^3)^{\mathrm{L}} - 3(m_g^2)^{\mathrm{L}}(m_g^1)^{\mathrm{L}} + 2[(m_g^3)^{\mathrm{L}}]^3 \qquad （3-34）$$

$$(\mu_g^4)^{\mathrm{L}} = (m_g^4)^{\mathrm{L}} - 4(m_g^3)^{\mathrm{L}}(m_g^1)^{\mathrm{L}} + 6(m_g^2)^{\mathrm{L}}[(m_g^1)^{\mathrm{L}}]^2 - 3[(m_g^1)^{\mathrm{L}}]^4$$

将式（3-33）与式（3-34）代入到式（3-29）与式（3-30），可得到结构功能函数失效概率区间。

3.3.2　程序实现

通过上节研究了主客观混合不确定性变量的结构可靠性分析模型。借助于模糊数学中的 λ 截集技术，将模糊变量有效的转化为在 λ 截集下的区间变量的形式，实现了将含有随机–区间–模糊变量的结构功能函数有效的转化为只含有随机–区间变量的形式进行求解功能函数的失效概率区间问题，有效的简化了求解问题的难度，同时降低了计算工作量。图 3-3 所示为本章程序实现的流程图。

3.3.3　主客观混合可靠性分析的简化模型Ⅰ

在 3.3.1 节中描述的主客观混合不确定性分析模型中，仅考虑同时含有随机变量和区间变量的结构可靠性分析问题，则结构功能函数 $Z = g(\boldsymbol{x}, \boldsymbol{y}^{\mathrm{I}})$，由

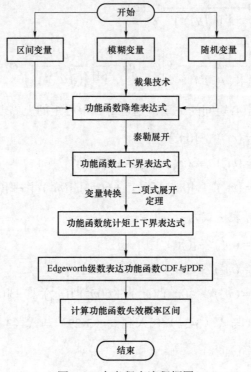

图 3-3   本章程序流程框图

式（3-11）可改写为：

$$Z = g(\boldsymbol{x}, \boldsymbol{y}^{\mathrm{I}}) = g(x_1, \cdots, x_n, y_{n+1}^{\mathrm{I}}, \cdots, y_p^{\mathrm{I}}) \tag{3-35}$$

由式（3-13）可知，上式的单变量降维表达式可改写为：

$$Z = g(\boldsymbol{x}, \boldsymbol{y}^{\mathrm{I}}) = \sum_{i=1}^{n} g_i(x_i, \boldsymbol{y}^{\mathrm{I}}) - (n-1)g_0(\boldsymbol{c}, \boldsymbol{y}^{\mathrm{I}}) \tag{3-36}$$

鉴于式（3-14）可知，在 $\boldsymbol{y}^{\mathrm{I}}$ 处对上式进行泰勒展开可表达为：

$$Z = g(\boldsymbol{x}, \boldsymbol{y}^{\mathrm{I}}) = \sum_{i=1}^{n} g_i(x_i, \boldsymbol{y}^{\mathrm{I}}) - (n-1)g_0(\boldsymbol{c}, \boldsymbol{y}^{\mathrm{I}})$$

$$= g(x_i, \boldsymbol{y}^c) + \sum_{i=1}^{n} \left(\frac{\sum\limits_{j=n+1}^{p} \partial g(x_i, \boldsymbol{y}^c)}{\partial y_j} (y_j^{\mathrm{I}} - y_j^c) \right) - \cdots$$

$$(n-1)g_0(\boldsymbol{c},\boldsymbol{y}^c)-(n-1)\left(\frac{\sum\limits_{j=n+1}^{p}\partial g_0(\boldsymbol{c},\boldsymbol{y}^c)}{\partial y_j}(y_j^{\mathrm{I}}-y_j^c)\right)$$

$$=g(x_i,\boldsymbol{y}^c)+\sum_{i=1}^{n}\left[\left|\sum_{j=n+1}^{p}\frac{\partial g(x_i,\boldsymbol{y}^c)}{\partial y_j}\Delta y_j\right|e_\Delta\right]-\cdots \tag{3-37}$$

$$(n-1)\left[g_0\left(\boldsymbol{c},\boldsymbol{y}^c\right)+\left|\sum_{j=n+1}^{p}\frac{\partial g_0(\boldsymbol{c},\boldsymbol{y}^c)}{\partial y_j}\Delta y_j\right|e_\Delta\right]$$

上式可简写为如下形式：

$$g(\boldsymbol{x},\boldsymbol{y}^{\mathrm{I}})=\sum_{i=1}^{n}h_i-(n-1)h_0 \tag{3-38}$$

式中，h_i 与 h_0 可分别表达为：

$$h_i(x_i,\boldsymbol{y}^c)=g(x_i,\boldsymbol{y}^c)+\left|\sum_{j=n+1}^{p}\frac{\partial g(x_i,\boldsymbol{y}^c)}{\partial y_j}\Delta y_j\right|e_\Delta$$

$$h_0=g(\boldsymbol{c},\boldsymbol{y}^c)+\left|\sum_{j=n+1}^{p}\frac{\partial g(\boldsymbol{c},\boldsymbol{y}^c)}{\partial y_j}\Delta y_j\right|e_\Delta \tag{3-39}$$

h_i 与 h_0 的上下界，可分别表达为：

$$h_i^{\mathrm{R}}=g(x_i,\boldsymbol{y}^c)+\left|\sum_{j=n+1}^{p}\frac{\partial g(x_i,\boldsymbol{y}^c)}{\partial y_j}\Delta y_j\right| \tag{3-40}$$

$$h_i^{\mathrm{L}}=g(x_i,\boldsymbol{y}^c)-\left|\sum_{j=n+1}^{p}\frac{\partial g(x_i,\boldsymbol{y}^c)}{\partial y_j}\Delta y_j\right| \tag{3-41}$$

$$h_0^{\mathrm{R}}=g(\boldsymbol{c},\boldsymbol{y}^c)+\left|\sum_{j=n+1}^{p}\frac{\partial g(\boldsymbol{c},\boldsymbol{y}^c)}{\partial y_j}\Delta y_j\right| \tag{3-42}$$

$$h_0^{\mathrm{L}}=g(\boldsymbol{c},\boldsymbol{y}^c)-\left|\sum_{j=n+1}^{p}\frac{\partial g(\boldsymbol{c},\boldsymbol{y}^c)}{\partial y_j}\Delta y_j\right| \tag{3-43}$$

由式（3-22）与式（3-23）可获得结构功能函数 $Z=g(\boldsymbol{x},\boldsymbol{y}^{\mathrm{I}})$ 的上下界，将 $[g(\boldsymbol{x},\boldsymbol{y}^{\mathrm{I}})]^{\mathrm{R}}$ 与 $[g(\boldsymbol{x},\boldsymbol{y}^{\mathrm{I}})]^{\mathrm{L}}$ 分别代入到式（3-24）与式（3-25），可获得结构功能函数 $Z=g(\boldsymbol{x},\boldsymbol{y}^{\mathrm{I}})$ 的上下界的 k 阶原点矩 $m_{g^{\mathrm{R}}}^{(k)}$、$m_{g^{\mathrm{L}}}^{(k)}$，其中 h_i 可通过式（3-26）计

算得到，进而通过式（3-27）与式（3-28）获得 $m_{h_i^k\text{R}}$、$m_{h_i^k\text{L}}$；将所获得的 $m_{g_\text{R}^{(k)}}$、$m_{g_\text{L}^{(k)}}$ 分别代入到式（3-33）与式（3-34），可获得结构功能函数上下界的中心矩，再将中心矩信息代入到式（3-29）与式（3-30），可最终通过计算得到结构功能函数的失效概率区间。

3.3.4　主客观混合可靠性分析的简化模型Ⅱ

上一节中仅考虑主客观不确定性变量中包含随机变量与区间变量的情况，而本节将研究仅考虑随机变量与模糊变量同时存在的情况。结构功能函数可表达为：

$$Z = g(\boldsymbol{x}, \tilde{\boldsymbol{y}}) = g(x_1, \cdots, x_n, \tilde{y}_{n+1}, \cdots, \tilde{y}_p) \tag{3-44}$$

对上式的单变量降维表达式可写为：

$$g(\boldsymbol{x}, \boldsymbol{y}_\lambda^\text{I}) = \sum_{i=1}^n g(x_i, \boldsymbol{y}_\lambda^\text{I}) - (n-1)g_0 \tag{3-45}$$

将上式在 $\boldsymbol{y}_\lambda^\text{I}$ 中点处进行泰勒展开，则得其表达式为：

$$g(\boldsymbol{x}, \boldsymbol{y}_\lambda^\text{I}) = \sum_{i=1}^n \left[g(x_i, \boldsymbol{y}_\lambda^c) + \left| \sum_{j=n+1}^p \frac{\partial g(x_i, \boldsymbol{y}_\lambda^c)}{\partial y_{j\lambda}} \Delta y_{j\lambda} \right| e_\Delta \right] - \cdots$$
$$(n-1)\left[g_0(\boldsymbol{c}, \boldsymbol{y}_\lambda^c) + \left| \sum_{j=n+1}^p \frac{\partial g_0(\boldsymbol{c}, \boldsymbol{y}_\lambda^c)}{\partial y_{j\lambda}} \Delta y_{j\lambda} \right| e_\Delta \right] \tag{3-46}$$

则上式的简写表达式为：

$$g(\boldsymbol{x}, \boldsymbol{y}_\lambda^\text{I}) = \sum_{i=1}^n h_i - (n-1)h_0 \tag{3-47}$$

相应的 h_i 与 h_0 表达式为：

$$h_i = g(x_i, \boldsymbol{y}_\lambda^c) + \left| \sum_{j=n+1}^p \frac{\partial g(x_i, \boldsymbol{y}_\lambda^c)}{\partial y_{j\lambda}} \Delta y_j \right| e_\Delta \tag{3-48}$$

$$h_0 = g_0\left(\boldsymbol{c}, \boldsymbol{y}_\lambda^c\right) + \left| \sum_{j=n+1}^p \frac{\partial g_0(\boldsymbol{c}, \boldsymbol{y}_\lambda^c)}{\partial y_{j\lambda}} \Delta y_j \right| e_\Delta \tag{3-49}$$

h_i 与 h_0 的上下界表达式为：

$$h_i^{\mathrm{R}} = g(x_i, \boldsymbol{y}_\lambda^c) + \left| \sum_{j=n+1}^{p} \frac{\partial g(x_i, \boldsymbol{y}_\lambda^c)}{\partial y_{j\lambda}} \Delta y_j \right| \qquad (3\text{-}50)$$

$$h_i^{\mathrm{L}} = g(x_i, \boldsymbol{y}_\lambda^c) - \left| \sum_{j=n+1}^{p} \frac{\partial g(x_i, \boldsymbol{y}_\lambda^c)}{\partial y_{j\lambda}} \Delta y_j \right| \qquad (3\text{-}51)$$

$$h_0^{\mathrm{R}} = g_0(\boldsymbol{c}, \boldsymbol{y}_\lambda^c) + \left| \sum_{j=n+1}^{p} \frac{\partial g_0(\boldsymbol{c}, \boldsymbol{y}_\lambda^c)}{\partial y_{j\lambda}} \Delta y_j \right| \qquad (3\text{-}52)$$

$$h_0^{\mathrm{L}} = g_0(\boldsymbol{c}, \boldsymbol{y}_\lambda^c) - \left| \sum_{j=n+1}^{p} \frac{\partial g_0(\boldsymbol{c}, \boldsymbol{y}_\lambda^c)}{\partial y_{j\lambda}} \Delta y_j \right| \qquad (3\text{-}53)$$

同理，可获得对应于 λ 截集的结构失效概率。

3.4　数值算例

（1）算例 1：简化模型 I（仅含随机–区间变量的失效概率计算）

大型液压机机架的几何模型如图 3-4 所示，其外圈承受预紧压力为 PRS_2，内圈承受工作压力为 PRS_1；材料弹性模量 $E = 2.1 \times 10^{11} \, \mathrm{Pa}$，泊松比 $\mu = 0.3$，几何尺寸 $H = 18 \, \mathrm{m}$，厚度为 $3.4 \, \mathrm{m}$，相关参数的统计特征见表 3-1。机架的结构功能函数为：

$$g(\boldsymbol{x}, \boldsymbol{y}^{\mathrm{I}}) = \sigma_s - \sigma \qquad (3\text{-}54)$$

式中，σ_s 为屈服应力；σ 为机架的最大 Mises 应力，可以通过有限元分析求解。

表 3-1　大型液压机机架的参数统计表

不确定量	参数 1	参数 2	分布类型
r_1 /m	2.250	0.020	正态分布
r_2 /m	4.500	0.030	正态分布
σ_s /MPa	235	0.030	正态分布
PRS_1 /MPa	247.812	248.812	区间变量
PRS_2 /MPa	155.600	156.600	区间变量

注：在随机变量中，参数 1 为均值，参数 2 为变异系数；在区间变量中，参数 1 为变量下界，参数 2 为变量上界。

依据图 3-3 所示的流程框图，首先将结构功能函数运用降维算法进行降维表达，但是该算例中功能函数为隐式，则可用随机有限元方法进行求解；该算例中含有 3 个随机变量，每个变量选用 3 个高斯点，再调用大型液压机机架的有限元程序，即获得大型液压机机架的最大 Mises 应力的 9 个样本（当 PRS_1 与 PRS_2 取中值时，样本点见表 3-2）；与此同时，对式（3-54）进行单变量降维，再利用泰勒展开法，从而得出结构功能函数上下界表达式，再结合随机有限元方法，通过式（3-27）与式（3-28）可计算得到降维后的一维函数的原点矩，将所得的结果再代入到式（3-24）与式（3-25），计算出式（3-54）的前四阶原点矩，由于原点矩与中心矩间的关系式，即通过式（3-33）与式（3-34）得到式（3-54）的前四阶中心矩，将所得矩信息作为系数代入到式（3-29）与式（3-30），从而获得式（3-54）的失效概率区间。

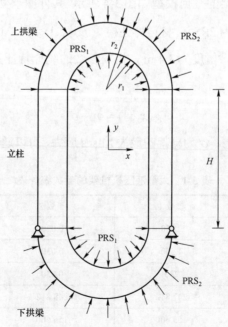

图 3-4　大型液压机机架几何模型

表 3-2   大型液压机机架参数样本点

样本	r_1 /m	r_2 /m	σ_s /MPa	PRS_1 /MPa	PRS_2 /MPa	σ /MPa
1	2.172 1	4.5	235	248.312	156.1	211.549
2	2.25	4.5	235	248.312	156.1	214.264
3	2.327 9	4.5	235	248.312	156.1	217.274
4	2.25	4.266 2	235	248.312	156.1	218.977
5	2.25	4.5	235	248.312	156.1	214.264
6	2.25	4.733 8	235	248.312	156.1	210.594
7	2.25	4.5	222.789 1	248.312	156.1	214.264
8	2.25	4.5	235	248.312	156.1	214.264
9	2.25	4.5	247.210 9	248.312	156.1	214.264

通过计算得到含随机–区间变量的结构功能函数的前四阶中心矩区间结果见表 3-3，并将所得计算结果与 MCS 方法的计算结果进行比较，从表 3-3 中可看出，本章方法与 MCS 方法的计算结果非常接近，表明本章方法在计算统计矩的过程中，计算准确；从表 3-4 也不难看出，本章方法与 MCS 方法的计算结果的相对误差很小，且本章方法样本点数仅为 9（3×3，3 个随机变量，每个随机变量对应 3 个高斯点），而 MCS 方法为得到精确解，必须使得所模拟的次数达到十万次甚至是几百万次，因而该算例中 MCS 方法选用模拟次数为 10^6 次，可见本章所构建的模型具有较高的精度；在图 3-5 与图 3-6 中，给出本章方法与 MCS 方法关于结构功能函数失效概率的 CDF 与 PDF 图，从图中可看出，本章方法与 MCS 方法的拟合程度较好，体现了所提方法与 MCS 方法的吻合程度较高，再次验证了本章模型的正确性与高效性。

表 3-3   结构功能函数的前四阶矩

统计矩	均值	方差	三阶中心矩	四阶中心矩
MCS	[19.534 8, 21.476 5]	[57.860 2, 58.872 3]	[−7.684 8, −6.409 5]	[10 045, 10 422]
本章方法	[18.948 9, 21.022 5]	[57.830 4, 58.018 7]	[−7.239 4, −6.373 4]	[9 880, 10 381]

表 3-4　算例 1 失效概率计算结果

方法	失效概率区间	相对误差/%
MCS	[0.002 550, 0.005 400]	—
本章方法	[0.002 676, 0.005 342]	[4.94, 1.07]

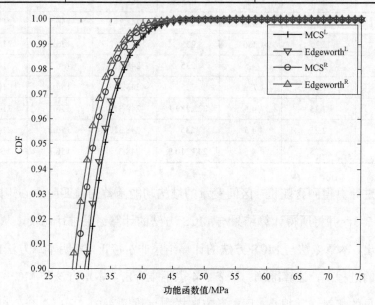

图 3-5　结构功能函数的累积分布函数

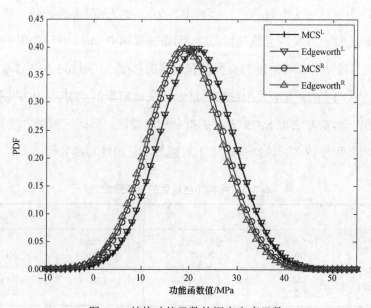

图 3-6　结构功能函数的概率密度函数

（2）算例 2：简化模型 Ⅱ（仅含随机–模糊变量的失效概率计算）

十杆桁架结构如图 3-7 所示，杆件长为 $L = 3.6$ m，节点 2 与节点 4 处施加竖直向下载荷 P，水平方向的杆①～杆④面积为 $A_1(\mathrm{m}^2)$，竖直方向杆⑤ ～杆⑥ 面积为 $A_2(\mathrm{m}^2)$，斜向杆⑦～杆⑩面积为 $A_3(\mathrm{m}^2)$，E 为材料的弹性模量，其服从均值为 2.1×10^{11} Pa，变异系数为 0.01 的正态分布，P 为外载荷，其服从均值为 750 000 N，变异系数为 0.03 的正态分布，A_1, A_2, A_3, L 均为模糊变量，各自的隶属函数如式（3-56）～式（3-59）所示，在节点 2 处的垂直位移 d_{max} 不大于 $d_{\mathrm{allow}} = 0.004\,2$ m，则结构功能函数可表达为：

$$Z = g(\boldsymbol{x}, \tilde{\boldsymbol{y}}) = d_{\mathrm{allow}} - d_{\mathrm{max}} \tag{3-55}$$

$$\mu_{A_1}(A_1) = \begin{cases} \left(\dfrac{A_1 - 0.04}{0.000\,2}\right), & 0.04 \leqslant A_1 \leqslant 0.040\,2 \\[2mm] \left(\dfrac{-A_1 + 0.040\,4}{0.000\,2}\right), & 0.040\,2 \leqslant A_1 \leqslant 0.040\,4 \end{cases} \tag{3-56}$$

$$\mu_{A_2}(A_2) = \begin{cases} \left(\dfrac{A_2 - 0.01}{0.000\,05}\right), & 0.01 \leqslant A_2 \leqslant 0.010\,05 \\[2mm] \left(\dfrac{-A_2 + 0.010\,1}{0.000\,05}\right), & 0.010\,05 \leqslant A_2 \leqslant 0.010\,1 \end{cases} \tag{3-57}$$

$$\mu_{A_3}(A_3) = \begin{cases} \left(\dfrac{A_3 - 0.03}{0.000\,15}\right), & 0.03 \leqslant A_3 \leqslant 0.030\,15 \\[2mm] \left(\dfrac{-A_3 + 0.030\,3}{0.000\,15}\right), & 0.030\,15 \leqslant A_3 \leqslant 0.030\,3 \end{cases} \tag{3-58}$$

$$\mu_L(L) = \begin{cases} \left(\dfrac{L - 3.6}{0.018\,05}\right), & 3.6 \leqslant L \leqslant 3.618\,05 \\[2mm] \left(\dfrac{-L + 3.636\,1}{0.018\,05}\right), & 3.618\,05 \leqslant L \leqslant 3.636\,1 \end{cases} \tag{3-59}$$

该算例计算含有随机–模糊变量的结构失效概率隶属度问题。依据流程图 3-3，首先针对于结构中的模糊变量，借助于 λ 截集技术，有效的将含有随机–模糊变量的结构失效概率隶属度问题转化为求解含有随机–区间变量的结构失效概率区间问题。每个 λ 截集都对应于 6 个样本点，远远低于 MCS 方法选用的 10^6 个样本点数。与此同时，图 3-8 所示为带有随机-模糊变量结构的失效概率与隶属度关系图，本章方法与 MCS 方法的拟合程度较好；在表 3-5 中具体列出当 λ=0,0.2,0.4,0.6,0.8,1 时，本章方法的计算结果与 MCS 方法的计算结果的对比，并给出取到不同的 λ 时，计算结果的相对误差，从表 3-5 与图 3-8 中可看出，本章方法既简单又准确，实用性较强。

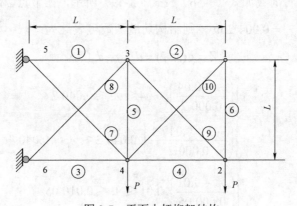

图 3-7 平面十杆桁架结构

表 3-5 算例 2 失效概率计算结果

λ 截集	MCS	本章方法	相对误差/%
0	[0.004 344, 0.004 357]	[0.004 316, 0.004 403]	[0.64，1.06]
0.2	[0.004 355, 0.004 367]	[0.004 325, 0.004 394]	[0.69，0.62]
0.4	[0.004 362, 0.004 368]	[0.004 333, 0.004 386]	[0.66，0.41]
0.6	[0.004 363, 0.004 367]	[0.004 342, 0.004 377]	[0.48，0.23]
0.8	[0.004 357, 0.004 360]	[0.004 351, 0.004 368]	[0.14，0.18]
1.0	0.004 361	0.004 359	0.05

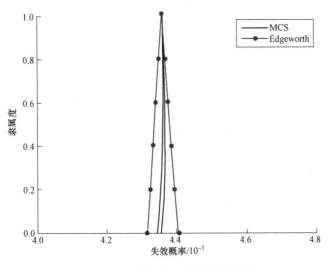

图 3-8　失效概率－隶属度关系图

（3）算例 3：统一模型（含随机－区间－模糊变量的失效概率计算）

某型号货车车架为边梁式结构，由主纵梁、副纵梁各 1 根，横梁共 6 根所组成。各梁之间通过铆钉、螺栓连接，部分焊接。该车型的额定载重是 3 t，纵梁的总长度是 4.633 m，车架的总宽度是 1.69 m，车架高度是 0.17 m，弹性模量为 210 MPa。车架使用的材料为 Q235-A 钢板，车架相应的荷载参数见表 3-6，车架参数统计特征见表 3-7，其中横梁板厚由 HL 表示，纵梁板厚由 ZL 表示，加固板板厚由 JG 表示，为更真实地获得车架的受力情况，用有限元软件 ANSYS 建立了某型货车的有限元模型，车架有限元模型如图 3-9 所示。

假设驾驶室和人的重量为 F_1，储油箱的重量为 F_2，货物的重量为 F_3；屈服极限为 σ_s。上述随机变量均服从正态分布。由结构强度理论可得到结构功能函数为：

$$g(\boldsymbol{x}, \boldsymbol{y}^{\mathrm{I}}, \tilde{\boldsymbol{z}}) = \sigma_s - \sigma \qquad (3\text{-}60)$$

式中，σ 为车架的最大 Mises 应力，可以通过有限元分析求解。

表 3-6 某型号货车车架荷载参数

部件	重量/N
发动机与变速器	4 950
驾驶室和人	9 800
储油箱	1 080
备用轮胎	880
货物	21 500

表 3-7 某型号货车车架参数统计特征表

不确定量	参数 1	参数 2	分布类型
F_1 / N	9 800	0.060	正态分布
F_2 / N	1 080	0.050	正态分布
F_3 / N	21 500	0.120	正态分布
σ_s / MPa	232.7	237.3	区间变量
HL / mm	3.500	3.535	模糊变量
JG / mm	4	4.020	模糊变量
ZL / mm	4.500	5.545	模糊变量

注：在随机变量中，参数 1 为均值，参数 2 为变异系数；在区间变量和模糊变量中，参数 1 为变量下界，参数 2 为变量上界。

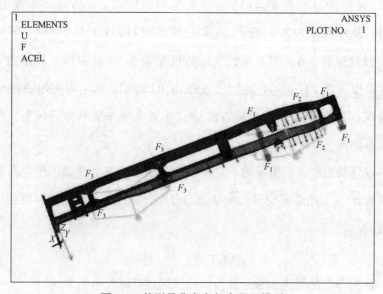

图 3-9 某型号货车车架有限元模型

依据流程图 3-3，首先针对模糊变量，借助于模糊数学运算法则与 λ 截集技术，将模糊变量转化为 λ 水平截集下相对应的区间变量；将含有随机-区间-模糊变量的复杂结构可靠性分析问题直接且有效的简化为含有随机-区间变量的结构可靠性分析问题。然而含有随机-区间变量的结构功能函数为隐式，则需借助于区间有限元法进行求解，继而将结构功能函数进行单变量降维表达，再将所得降维表达式进行泰勒展开，从而获得结构功能函数上下界表达式。

该算例中含有 3 个随机变量，每个随机变量选取 3 个与之相适应的高斯点，再调用货车车架结构的有限元程序，即可获得货车车架的最大 Mises 应力的 9 个样本点（当 $\lambda=0$ 时，通过调用车架有限元程序计算出 3 个随机变量相对应的 9 个样本点参数，见表 3-8）；并将其中的随机变量进行变量转换，将变量均转化为均值为 0，方差为 0.5 的正态分布变量，再结合 Gauss-Hermite 积分方法，计算获得降维后 3 个一维函数上下界的前四阶原点矩；再利用式（3-33）与式（3-34），最终获得结构功能函数的前四阶中心矩，将所获矩信息作为系数代入到式（3-29）与式（3-30），可拟合出结构功能函数的 CDF 与 PDF，从而获得结构功能函数失效概率的上下界。在表 3-9 中列出本章方法与 MCS 方法关于结构功能函数统计矩的结果对比；在表 3-10 中列出与 MCS 方法的失效概率计算结果的对比，并从表中的相对误差值可看出，本章方法的误差较小；从图 3-10 中也不难看出，本章方法与 MCS 方法的吻合程度较好。

该算例程序实现简单，针对于每一个模拟仿真，本章方法仅需要表 3-8 所示的 9 个样本点即可，而 MCS 方法为保证其精确性至少要达到 10^6 的模拟次数，从表 3-9 与表 3-10 中可看出，本章所构建的可靠性分析模型具有较高的计算精度，且该模型也能够较好地处理函数形式为隐式的工程实际问题，能更好的指导工程结构设计。

表 3-8 $\lambda=0$ 时，参数样本点

样本	F_1 / N	F_2 / N	F_3 / N	σ/MPa
1	8 781.558 2	1 080	21 500	190.985
2	9 800	1 080	21 500	190.985
3	10 818.441 8	1 080	21 500	190.985
4	9 800	986.469 6	21 500	190.985
5	9 800	1 080	21 500	190.985
6	9 800	1 173.530 4	21 500	190.985
7	9 800	1 080	17 031.326 7	152.102
8	9 800	1 080	21 500	190.985
9	9 800	1 080	25 968.673 3	229.684

表 3-9 某型号货车车架统计矩结果

统计矩	均值	方差	三阶中心矩	四阶中心矩
MCS	[40.090 8，46.415 7]	[501.473 8,510.236 1]	[-0.428 0，-0.108 0]	[7.540 4×10⁵,7.814 0×10⁵]
本章方法	[40.077 4，46.407 3]	[501.589 2,510.589 2]	[-0.573 8，-0.110 4]	[7.547 8×10⁵,7.821 1×10⁵]

表 3-10 算例 3 失效概率的计算结果

λ 截集	MCS	本章方法	相对误差/%
0	[0.019 2，0.038 0]	[0.019 128，0.038 063]	[0.375 0，0.165 8]
0.2	[0.019 5，0.037 2]	[0.019 577，0.037 299]	[0.394 9，0.266 1]
0.4	[0.020 0，0.036 6]	[0.020 032，0.036 552]	[0.160 0，0.131 1]
0.6	[0.020 5，0.035 8]	[0.020 495，0.035 810]	[0.024 4，0.027 9]
0.8	[0.021 0，0.035 1]	[0.020 973，0.035 085]	[0.128 6，0.042 7]
1.0	[0.021 4，0.034 4]	[0.021 454，0.034 370]	[0.252 3，0.087 2]

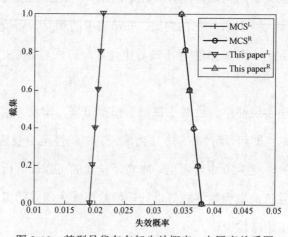

图 3-10 某型号货车车架失效概率–隶属度关系图

3.5　本章小结

本章针对于主客观混合不确定性变量进行结构可靠性分析。对结构中含有随机–区间变量、随机–模糊变量、随机–区间–模糊变量的情况，分别进行了研究，给出了主客观混合不确定性分析的统一模型及其简化模型。

首先，简单介绍了结构可靠性分析中涉及的有关区间问题的相关概念与模糊数学的相关理论；运用模糊数学中的 λ 截集技术，将含随机–区间–模糊变量的结构可靠性分析问题与含随机–模糊变量的结构可靠性分析问题均转化为含随机–区间变量的结构可靠性分析问题。有效的简化了问题的难度与复杂程度；将含有随机–区间变量的结构功能函数进行降维算法，再运用泰勒展开法，结合变量转换与 Gauss-Hermite 积分方法，计算出降维后的 n 个一维函数的原点矩，再通过原点矩与中心矩间关系式，最终获得结构功能函数的前四阶中心矩，再采用 Edgeworth 级数方法拟合结构功能函数的 CDF 与 PDF 的表达式，最终通过计算获得结构功能函数的失效概率。

本章给出了求解主客观混合不确定性变量的结构失效概率的具体步骤，并给出本章方法的流程框图。计算结果表明本章方法具有较好的计算精度，且通过算例验证了本章方法的准确性与有效性。本章方法充分考虑到结构中含有不同类型的变量对于结构失效概率的影响，并且算例 3 解决了功能函数为隐式的情形，拓展了本章方法的适用范围，使得结构的可靠性分析结果偏于安全，能够更好地指导工程结构设计。

第 4 章
混合不确定性变量的结构系统
可靠性分析

4.1 引 言

所谓系统,是为完成某些特殊功能,而由两个或者两个以上元件相互协调工作而组成的综合体。元件可以是梁、杆和零件的焊点或焊缝等,也可以是板壳等作为结构中最小的独立单元而存在。通过结构所处的极限状态来衡量结构可否被视为元件。结构系统可靠性问题的研究起源于 1970 年,所涉及的领域非常广泛,是结构可靠性分析研究中的一个重要组成部分。结构系统可靠性定义为在规定的设计基准期内,结构正常工作的条件下,完成规定任务的能力。其中设计基准期描述的是各项变量与时间的不同关系而设定的;规定任务即通常运用极限状态来描述;影响结构系统失效概率与可靠度指标计算的因素有很多,主要为以下几点:构成系统的各元件间的失效概率与可靠度,各元件在系统中的连接方式以及彼此间的相关性等。

结构系统与单个结构不同,它是由许多个元件构成的。然而各个元件间由于所含变量的同源性因素的存在,导致结构系统各元件所含不确定性参数间存在相关性,且各元件间不同的组合方式也会导致结构系统的失效模式各不相同。结构系统的失效可通过多个结构功能函数来共同描述。因此,在进行结构系统可靠性分析的过程中，应当重视各个功能函数间的相关性问题，应尽量减小由于假设各个功能函数间的独立性，而造成的结构系统可靠度指标的精度损失。

结构系统的失效通常不是某一个特定元件的单独失效，往往是在某种极限状态下而导致整个系统的失效。依据不同的外界条件，可直接导致结构系统存在不同的失效模式。对于复杂的结构系统进行可靠性分析时，可将其看成由若干元件构成的若干的结构子系统。然而，对于结构系统可靠性分析，其实质上也是高维积分问题，在求解过程中由于积分区域很难确定以及维数较高等原因，导致积分运算工作量很大且计算精度也很难得到保证。因而，可结合第 3 章中主客观混合不确定性可靠性分析模型，计算结构系统中各元件的失效概率及其相应的可靠度指标。通过计算结果可看出，不同的失效模式对整个结构系统所起到的作用并不完全相同，并将所得的失效概率进行排序，选择较大数值所对应的失效模式作为主要失效模式，综合考虑结构系统可靠性分析问题。因此，研究其实质上是探索其主要的失效模式。

对结构系统可靠性进行分析时，首先需要识别每一个失效模式，再得到结构系统中相应的主要模式，然后借助于力学与数学方法对其进行计算。本章结合第 3 章中提出的含有随机－区间混合变量的结构可靠性分析模型，对含有随机－区间变量的结构系统中的各个失效模式，计算其失效概率；通过结果比较获得串联结构系统中主要失效模式的失效概率，再通过所获得的各个失效概率值以及相应的可靠度指标值得到各失效模式间的相关系数，并且推导了结构中任意两个功能函数间的相关系数区间表达式，再结合概率网络估算技术计算出结构系统的失效概率区间以及可靠度指标区间。本章仅讨论了含随机－区间混合不确定性变量的串联结构系统可靠性分析模型。通过数值算例结果表明，本章所提方法正确，程序实现简单。

4.2 结构系统形式

第 2、第 3 章中介绍的可靠性分析方法，主要描述的是在某种结构状态下，仅针对一种失效模式，计算其失效概率。但在工程实践中，结构所处状态通常较为复杂，结构所处的状态也不固定。即便是一个元件，它在不同的载荷作用下，也会出现不同形式的破坏。对于任意一个超静定结构，不同元件组合可导致结构系统的不同失效模式，且结构系统中某个元件发生破坏也不见得整个结构系统必定发生破坏。

对结构系统可靠性进行分析时，首先需要进行两个工作，其一，计算各元件的可靠度指标，并找出主要的失效模式；其二，计算整个结构系统的可靠度指标。在进行第一个环节时，判定主要失效模式时，需要大量的概率计算。研究结构系统主要失效模式也需要两个工作，判断结构系统主要失效模式，并计算其相应的失效概率。因此，对于该问题的研究是一项非常复杂且工作量很大的工作，工程中典型的系统有：串联结构系统、并联结构系统、混联结构系统、r/n 表决系统、旁联系统等。由于结构系统的连接方式不同，针对这些系统所采用的可靠性理论也不相同。本章中主要针对含有随机－区间混合不确定性变量的串联结构系统进行可靠性分析。

4.2.1 串联结构系统

串联结构系统为系统中全部元件相互关联，若其中某个元件失效一定会造成整个系统出现故障甚至失效。该联接方式的结构系统也称为最弱环节结构系统。也就是说，为保证结构系统能够满意地工作，就必须确保构成结构系统的所有元件都能够成功且有效的完成规定功能。图 4-1（a）给出了典型的静定桁架结构的串联结构系统，且不考虑节点失效与杆件屈曲现象的发生；图 4-1（b）为由于元件 8 的失效而引起的系统失效变形图；图 4-1（c）为由于元件 20 而引起的串联结构系统失效变形图。由图 4-1 可看出，系统中任意元件的失效，都会造成结构系统的失效。由此可知，结构体系的失效概率一定大于或等于体系中的任意元件的失效概率；由失效概率与可靠度指标间的关系，则可知结构体系中的任意元件的可靠度指标一定小于或等于整个结构体系的结构可靠度指标。

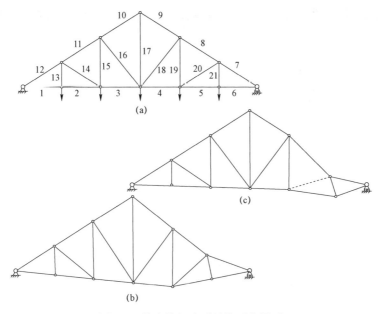

图 4-1　静定桁架串联结构系统模型

4.2.2　并联结构系统

并联结构系统不同于串联结构系统，由于并联结构系统中只要有一个元件是处于正常工作的状态，则整个系统可视为继续工作状态。换句话说，当且仅当整个结构系统中所有的元件均处于失效状态时，可视为结构系统失效。其特征是，其中任何一个元件正常工作，系统就能正常工作；只有当所含有的 n 个元件全部失效，则系统才失效。比如超静定结构中某一元件失效后，则其内力进行重新分配后，整个结构可继续工作，直到有相当数量的元件都失效了，整个系统才可判定为失效。超静定桁架并联结构系统如图4-2所示。图4-2（b）为由于元件3与5引起的结构变形图，此时该体系可简化为图4-2（c）的并联子系统模式；图4-2（d）为由元件5、6、7失效而引起的结构变形图；图4-2（e）为由元件7、9失效而引起的变形图；图4-2（f）为结构系统中元件 7、10 失效而造成的失效形式。需要指出的是，通常情况下，并联系统中各元件失效顺序不同，也会造成最终所得到的系统失效概率结果的差异。

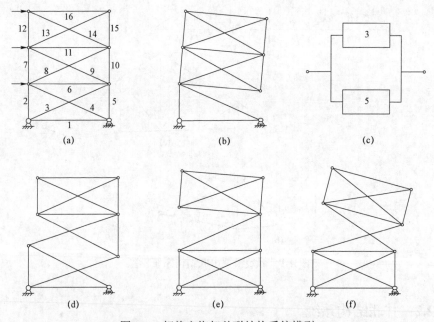

图 4-2　超静定桁架并联结构系统模型

4.2.3　混联结构系统

在实际的结构系统中通常设计为较为复杂的混联结构系统。也可将其视为由不同的并联结构系统构成，但各个并联系统间又重新建立一个串联系统的形式。通常情况下，结构系统中各个元件使用相同的材料，因而导致各元件以及各失效模式都存在相关性。由于串联系统中任意单个元件的失效概率小于或等于结构系统的失效概率值，而并联系统中的任意单个元件的失效概率数值则大于或等于结构系统的失效概率数值，混联系统又是由串并联系统混合构成的，因而混联结构系统的失效概率以及其可靠度指标数值无法确切地判定出与结构中任意单一元件的失效概率与可靠度指标的大小。混联结构系统模型的某一简化示意图如图 4-3 所示。

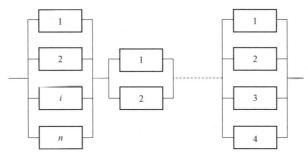

图 4-3　混联结构系统某一简化示意图

　　除了上述的 3 种结构体系之外，还包含更为复杂的结构体系，并且结构体系的构成也与材料性质相关，不同的失效路径也会导致结构体系失效概率出现不同的结果。因此，在目前的研究中均假定结构材料为弹塑性材料，并且不考虑加载路径对结构系统可靠性结构的影响。串联结构系统与并联结构系统作为结构最基本的两种体系，工程实践中存在的复杂结构系统均是由两者不同组合而成的。因而，对于这两种体系的研究便是结构系统可靠性分析的重点内容之一。本章仅研究串联结构系统可靠性分析问题。

4.3　结构系统可靠性模型

　　求解系统失效概率的首要问题，通常要对不确定性参数或变量进行判别，这些参数通常是典型的惯性矩、弹性模量、外载荷等，可将它们运用随机变量、区间变量来描述。为简化起见，含混合不确定性变量的结构系统可靠性模型可运用随机变量与区间变量来描述。

假设系统的失效模式有 n 种情况，对应于每种失效模式，任意结构的 $\boldsymbol{x} = (x_1, x_2, \cdots, x_n)^{\mathrm{T}}$ 为相互独立的基本随机向量，$\boldsymbol{y}^{\mathrm{I}} = (y_{n+1}^{\mathrm{I}}, \cdots, y_p^{\mathrm{I}})$ 为相互独立的区间向量，$\boldsymbol{x}$ 与 $\boldsymbol{y}^{\mathrm{I}}$ 也是相互独立的。则第 s 个失效模式的第 j 个失效状态所对应的混合不确定性变量的结构功能函数 $Z_j^{(s)}$ 的表达式可写为：

$$Z_j^{(s)} = g_{x_j}^{(s)}(\boldsymbol{x}, \boldsymbol{y}^{\mathrm{I}}) = g_{x_j}^{(s)}(x_1, x_2, \cdots, x_n, y_{n+1}^{\mathrm{I}}, \cdots, y_p^{\mathrm{I}}) \tag{4-1}$$

由于上式中含有相同的随机变量 $(x_1, x_2, \cdots, x_n)$ 与区间变量 $(y_{n+1}^{\mathrm{I}}, \cdots, y_p^{\mathrm{I}})$。因此，上式中各功能函数间存在相关性。

结构体系可靠指的是失效模式的 n 种情况均不发生。假设发生第 s 个失效模式的事件用 E_s 来描述，则由可靠度理论可知，E_s 的表达式为：

$$E_s = [g_{x_j}^{(s)}(\boldsymbol{x}, \boldsymbol{y}^{\mathrm{I}}) < 0] \tag{4-2}$$

第 s 个失效模式的安全事件可用 $\bar{E}_s$ 来描述，则含混合不确定性变量的结构系统可靠可用 $\bar{E}$ 来描述，其表达式为：

$$\bar{E} = \bar{E}_1 \cap \bar{E}_2 \cap \cdots \cap \bar{E}_n = \bar{E}_1 \bar{E}_2 \cdots \bar{E}_n = \bigcap_{s=1}^{n} \bar{E}_s \tag{4-3}$$

结构系统失效可由 E 来描述，其表达式为：

$$E = E_1 \cup E_2 \cup \cdots \cup E_n = \bigcup_{s=1}^{n} E_s \tag{4-4}$$

式中，$E_s(s = 1, 2, \cdots, n)$ 所表达的事件彼此间是相互独立的。

由 q_s 连续实现的失效状态构成的第 s 个失效模式中第 j 个在失效状态下所实现的事件可用 E_s^j 来描述，则其表达式可写为：

$$E_s = E_s^1 E_s^2 \cdots E_s^{q_s} = \bigcap_{j=1}^{q_s} E_s^j, \ s = 1, 2, \cdots, n \tag{4-5}$$

由可靠度指标与失效概率之间的关系，可得出含混合不确定性变量的结构系统失效概率 P_{f} 与结构系统可靠概率 P_{r} 分别为：

$$P_{\mathrm{f}} = \int_{(E_1 \cup E_2 \cup \cdots \cup E_k)} \cdots \int f(x_1, x_2, \cdots, x_n, \boldsymbol{y}^{\mathrm{I}}) \mathrm{d}x_1 \mathrm{d}x_2 \cdots \mathrm{d}x_n \tag{4-6}$$

$$P_{\mathrm{r}} = \int_{(\bar{E}_1 \cap \bar{E}_2 \cap \cdots \cap \bar{E}_k)} \cdots \int f(x_1, x_2, \cdots, x_n, \boldsymbol{y}^{\mathrm{I}}) \mathrm{d}x_1 \mathrm{d}x_2 \cdots \mathrm{d}x_n \tag{4-7}$$

上式也可简写为如下形式：

$$P_{\mathrm{f}} = P(E) = \int_E f(\boldsymbol{x}, \boldsymbol{y}^{\mathrm{I}}) \mathrm{d}\boldsymbol{x} \qquad (4\text{-}8)$$

$$P_{\mathrm{r}} = P(\overline{E}) = \int_{\overline{E}} f(\boldsymbol{x}, \boldsymbol{y}^{\mathrm{I}}) \mathrm{d}\boldsymbol{x} \qquad (4\text{-}9)$$

由式（4-6）与式（4-7）可直观地看出，若直接通过高维积分的形式计算结构系统的失效概率与可靠度是非常复杂的，并且在结构工程实践中积分区域也很难测定，需要大量的数据也未必可以给出准确的 PDF。由此可见，直接通过式（4-6）来计算含混合不确定性变量的结构系统 P_f 的方法，由于很难获得结构功能函数的概率密度函数，因而通常情况下，可借助于近似方法来求解问题。

对于串联结构系统，由式（4-8）可得到串联结构系统 $Z_j^{(s)}$ 失效概率的表达式为：

$$\begin{aligned}
P_{\mathrm{f}} &= P_{\mathrm{r}}\left(\bigcup_{s=1}^{n} Z_s \leqslant 0\right) = \int_{\bigcup_{s=1}^{n} Z_s \leqslant 0} f(\boldsymbol{x}, \boldsymbol{y}^{\mathrm{I}}) \, \mathrm{d}\boldsymbol{x} \\
&= \int \cdots \int_{\bigcup_{s=1}^{n} Z_s \leqslant 0} f(x_1, x_2, \cdots, x_n, \boldsymbol{y}^{\mathrm{I}}) \mathrm{d}x_1 \mathrm{d}x_2 \cdots \mathrm{d}x_n \qquad (4\text{-}10) \\
&= \int \cdots \int_{\bigcup_{s=1}^{n} Z_s \leqslant 0} f(x_1, \boldsymbol{y}^{\mathrm{I}}) f(x_2, \boldsymbol{y}^{\mathrm{I}}) \cdots f(x_n, \boldsymbol{y}^{\mathrm{I}}) \mathrm{d}x_1 \mathrm{d}x_2 \cdots \mathrm{d}x_n
\end{aligned}$$

式中，$f(x_1, \boldsymbol{y}^{\mathrm{I}}), f(x_2, \boldsymbol{y}^{\mathrm{I}}), \cdots, f(x_n, \boldsymbol{y}^{\mathrm{I}})$ 分别为 x_1 与 $\boldsymbol{y}^{\mathrm{I}}$，$x_2$ 与 $\boldsymbol{y}^{\mathrm{I}}$，$\cdots$，$x_n$ 与 $\boldsymbol{y}^{\mathrm{I}}$ 的 PDF。由上式可看出，若直接通过积分运算，必须要知道随机变量与区间变量的概率密度函数，但由于概率密度函数很难准确获得，因而本章结合概率网络估算技术，针对于串联结构系统可靠性分析问题，建立了混合概率网络估算技术分析模型。

随机平面二维情况下的串联结构体系失效域示意图如图 4-4 所示。含随机-区间变量的串联结构系统极限状态曲面边界示意图如图 4-5 所示。从图中可直观地看出，串联结构体系的失效域要大于每一个失效模式的失效域；结合式（4-10）不难发现，构成串联系统的各个元件的失效概率值一定小于或等于最终通过连乘计算得到的结构系统失效概率值。

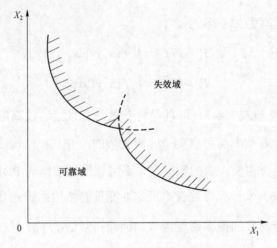

图 4-4　随机平面二维串联结构系统失效域

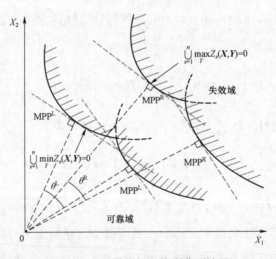

图 4-5　串联系统极限状态曲面边界

4.4　混合不确定性变量的结构系统可靠性分析模型

4.4.1　计算结构系统中各失效模式的失效概率区间

结构系统由元件组成，各元件的状态完全决定结构系统状态。然而，结构系统可靠性并非仅取决于各元件的可靠性。结构系统可靠性不仅与各元件的可靠性有关，还与各元件间的失效相关性有关。传统思想则假设各元件彼此独立，从而运用各元件的可靠度，计算系统可靠度，否则无法利用古典概率论来建立结构系统可靠性模型。然而，在结构工程实践中，元件间彼此相互独立失效的结构系统很少。当各元件所承受的各载荷彼此相互独立或者载荷不是不确定性参数，结构系统的各元件失效才有可能是彼此独立的。一般情况下，构成结构系统的各元件的失效事件是彼此相关的随机事件。利用载荷与元件抵抗失效的能力的不确定性大小，决定结构系统中各元件间的失效的相关程度。

在结构系统可靠性分析时，由式（4-6）可知需要运用随机向量的 PDF，但是通过直接积分的方式计算过于复杂且低效。在实际工程中，仅含有随机变量的结构系统通常较少，含有混合不确定性变量的复杂结构系统随处可见。因而，本节中提出含有混合不确定性变量的复杂结构系统可靠性分析模型。研究系统可靠性的首要任务，则需计算各元件的失效概率值；再得到各元件的相关系数，从而利用概率网络估算技术，计算得到最终的结构体系失效概率值以及相应的结构体系可靠度指标值。

对于含有混合不确定性变量的问题，则结构系统功能函数 $Z^{(s)} = g^{(s)}(\boldsymbol{x}, \boldsymbol{y}^{\mathrm{I}})$ 可表示为：

$$Z^{(s)} = g^{(s)}(\boldsymbol{x}, \boldsymbol{y}^{\mathrm{I}}) = g^{(s)}(x_1, \cdots, x_n, y_{n+1}^{\mathrm{I}}, \cdots, y_p^{\mathrm{I}}) \qquad （4-11）$$

计算上式结构系统的失效概率与可靠度指标的方法，与本书第 3 章中提到的主客观混合不确定性变量简化模型 I 的思想一致。对上式中的 s 个功能函数按照简化模型 I 的步骤进行运算。首先，对上式进行单变量降维表达，并对所得的表达式进行泰勒展开，从而获得 s 个功能函数的上下界；再通过统计矩概念与二项式定理相关理论，进而获得 s 个功能函数上下界的前 k 阶原点矩，通过原点矩与中心矩间关系式，运用所获得的原点矩区间信息来表达 s 个功能函数的中心矩区间信息；借助于 Edgeworth 级数，将中心矩区间信息作为系数，最终获得 s 个功能函数的失效概率区间。

4.4.2　计算结构系统中各功能函数间的相关系数

由于结构系统功能函数中各函数中所含有的随机变量与区间变量的个数不完全相同，从而结构系统中各个函数间的相关程度也不相同。当各函数间的相关程度很高时，对结构系统可靠度与失效概率的计算结果影响较大。因此，在进行结构系统可靠性分析过程中，需要在获得结构系统中各功能函数的失效概率与可靠度指标的计算结果之后，运用各功能函数的前两阶矩（即均值与标准差）计算彼此间的相关系数，并且利用系统中的相关系数来反映各失效模式间的相关性。可见，充分考虑系统存在的相关性问题，对于结构系统可靠性分析是至关重要的。因而，本节中研究含有混合不确定性变量的结构系统，在上述的工作中已获得结构系统中各功能函数的统计矩与失效概率的计算结果，接下来的任务就是研究各功能函数间的相关性，从不同程度体现各功能函数对结构系统可靠性的影响。结构系统中各功能函数的相关性由相关系数来衡量。假设结构系统中含混合不确定性变量的任意两个结构功能函数分别为 $Z^{(s_k)} = g^{(s_k)}(\boldsymbol{x}, \boldsymbol{y}^{\mathrm{I}})$ 与 $Z^{(s_l)} = g^{(s_l)}(\boldsymbol{x}, \boldsymbol{y}^{\mathrm{I}})$，$\boldsymbol{x} = (x_1, x_2, \cdots, x_n)$ 为随机变量向量，$\boldsymbol{y}^{\mathrm{I}} = (y_{n+1}^{\mathrm{I}}, y_{n+2}^{\mathrm{I}}, \cdots, y_p^{\mathrm{I}})$ 为区间变量向量。则 $g^{(s_k)}(\boldsymbol{x}, \boldsymbol{y}^{\mathrm{I}})$ 与 $g^{(s_l)}(\boldsymbol{x}, \boldsymbol{y}^{\mathrm{I}})$ 的表达式分别为：

$$g^{(s_k)}(\boldsymbol{x}, \boldsymbol{y}^{\mathrm{I}}) = g^{(s_k)}(x_1, \cdots, x_n, y_{n+1}^{\mathrm{I}}, \cdots, y_p^{\mathrm{I}}) \tag{4-12}$$

$$g^{(s_l)}(\boldsymbol{x}, \boldsymbol{y}^{\mathrm{I}}) = g^{(s_l)}(x_1, \cdots, x_n, y_{n+1}^{\mathrm{I}}, \cdots, y_p^{\mathrm{I}}) \tag{4-13}$$

$g^{(s_k)}(\boldsymbol{x}, \boldsymbol{y}^{\mathrm{I}})$ 与 $g^{(s_l)}(\boldsymbol{x}, \boldsymbol{y}^{\mathrm{I}})$ 的相关系数可表达为如下形式：

$$\rho_{Z^{(s_k)} Z^{(s_l)}} = \frac{\mathrm{Cov}(Z^{(s_k)}, Z^{(s_l)})}{\sigma_{Z^{(s_k)}} \sigma_{Z^{(s_l)}}}$$
$$= \frac{\displaystyle\sum_{t=1}^{n} \sum_{q=1}^{n} \frac{\partial g^{(s_k)}(\boldsymbol{x}, \boldsymbol{y}^{\mathrm{I}})}{\partial x_t} \frac{\partial g^{(s_l)}(\boldsymbol{x}, \boldsymbol{y}^{\mathrm{I}})}{\partial x_q} \rho_{x_t x_q} \sigma_{x_t} \sigma_{x_q}}{\sigma_{Z^{(s_k)}} \sigma_{Z^{(s_l)}}} \tag{4-14}$$

式中，$\mathrm{Cov}(Z^{(s_k)}, Z^{(s_l)})$ 为结构系统功能函数 $g^{(s)}(\boldsymbol{x}, \boldsymbol{y}^{\mathrm{I}})$ 中的任意两个 s_k 与 s_l 的

协方差；而任意两个随机变量 x_t 与 x_q 间的相关系数用 $\rho_{x_t x_q}$ 来描述； σ_{x_t} 与 σ_{x_q} 分别为随机变量 x_t 与 x_q 的标准差； $\sigma_{Z^{(S_k)}}$ 与 $\sigma_{Z^{(S_l)}}$ 分别为 $g^{(S_k)}(\boldsymbol{x}, \boldsymbol{y}^{\mathrm{I}})$ 与 $g^{(S_l)}(\boldsymbol{x}, \boldsymbol{y}^{\mathrm{I}})$ 的标准差。图 4-5 表示任意两失效模式间的相关系数增大时，两失效事件逐渐转变为一对等效事件，即相关系数 ρ 越大，则两事件中的其中某一个事件发生失效，对引起另一事件失效发生的可能性越大。图中 $\rho^{\mathrm{L}} = \cos(\theta^{\mathrm{L}})$ ， $\rho^{\mathrm{R}} = \cos(\theta^{\mathrm{R}})$ 。本节中假设随机变量与区间变量间彼此相互对立，并且随机变量间也是相互独立的，即假设上式中 $\rho_{x_t x_q} = 0, (t \neq q)$ ，式（4-14）可简写为如下形式：

$$
\begin{aligned}
\rho_{Z^{(S_k)} Z^{(S_l)}} &= \frac{\mathrm{Cov}(Z^{(S_k)}, Z^{(S_l)})}{\sigma_{Z^{(S_k)}} \sigma_{Z^{(S_l)}}} \\
&= \frac{\sum\limits_{r=1}^{n} \dfrac{\partial g^{(S_k)}(\boldsymbol{x}, \boldsymbol{y}^{\mathrm{I}})}{\partial x_r} \dfrac{\partial g^{(S_l)}(\boldsymbol{x}, \boldsymbol{y}^{\mathrm{I}})}{\partial x_r} \sigma_{x_r}^2}{\sqrt{\sum\limits_{t=1}^{n} \left(\dfrac{\partial g^{(S_k)}(\boldsymbol{x}, \boldsymbol{y}^{\mathrm{I}})}{\partial x_r} \sigma_{x_t} \right)^2} \sqrt{\sum\limits_{q=1}^{n} \left(\dfrac{\partial g^{(S_l)}(\boldsymbol{x}, \boldsymbol{y}^{\mathrm{I}})}{\partial x_q} \sigma_{x_q} \right)^2}}
\end{aligned} \tag{4-15}
$$

在 $\boldsymbol{y}^{\mathrm{I}}$ 处对上式进行泰勒展开，则可写为：

$$
\rho_{Z^{(S_k)} Z^{(S_l)}} = \frac{A}{BC} + \sum_{j=n+1}^{p} \left\{ \frac{\dfrac{\partial A}{\partial y_j} BC - A \left(\dfrac{\partial B}{\partial y_j} C + B \dfrac{\partial C}{\partial y_j} \right)}{B^2 C^2} \right\} (y_j^{\mathrm{I}} - y_j^c) \tag{4-16}
$$

由式（4-16）可得相关系数上下界的表达式分别为：

$$
\rho_{Z^{(S_k)} Z^{(S_l)}}^{\mathrm{R}} = \frac{A}{BC} + \sum_{j=n+1}^{p} \left\{ \left| \frac{\dfrac{\partial A}{\partial y_j} BC - A \left(\dfrac{\partial B}{\partial y_j} C + B \dfrac{\partial C}{\partial y_j} \right)}{B^2 C^2} \right| \right\} \Delta y_j \tag{4-17}
$$

$$
\rho_{Z^{(S_k)} Z^{(S_l)}}^{\mathrm{L}} = \frac{A}{BC} - \sum_{j=n+1}^{p} \left\{ \left| \frac{\dfrac{\partial A}{\partial y_j} BC - A \left(\dfrac{\partial B}{\partial y_j} C + B \dfrac{\partial C}{\partial y_j} \right)}{B^2 C^2} \right| \right\} \Delta y_j \tag{4-18}
$$

式中，$A, B, C, \dfrac{\partial A}{\partial y_j}, \dfrac{\partial B}{\partial y_j}, \dfrac{\partial C}{\partial y_j}$ 分别表示为：

$$A = \sum_{r=1}^{n} \frac{\partial g^{(S_k)}(\boldsymbol{x}, \boldsymbol{y}^c)}{\partial x_r} \frac{\partial g^{(S_l)}(\boldsymbol{x}, \boldsymbol{y}^c)}{\partial x_r} \sigma_{x_r}^2$$

$$B = \left[\sum_{t=1}^{n} \left(\frac{\partial g^{(S_k)}(\boldsymbol{x}, \boldsymbol{y}^c)}{\partial x_r} \sigma_{x_t} \right)^2 \right]^{\frac{1}{2}}, \quad C = \left[\sum_{q=1}^{n} \left(\frac{\partial g^{(S_l)}(\boldsymbol{x}, \boldsymbol{y}^c)}{\partial x_q} \sigma_{x_q} \right)^2 \right]^{\frac{1}{2}} \tag{4-19}$$

$$\frac{\partial A}{\partial y_j} = \sum_{r=1}^{n} \sigma_{x_r}^2 \left[\frac{\partial^2 g^{(S_k)}(\boldsymbol{x}, \boldsymbol{y}^c)}{\partial x_r \partial y_j} \frac{\partial g^{(S_l)}(\boldsymbol{x}, \boldsymbol{y}^c)}{\partial x_r} + \frac{\partial g^{(S_k)}(\boldsymbol{x}, \boldsymbol{y}^c)}{\partial x_r} \frac{\partial g^{(S_l)}(\boldsymbol{x}, \boldsymbol{y}^c)}{\partial x_r \partial y_j} \right]$$

$$\frac{\partial B}{\partial y_j} = \left[\sum_{t=1}^{n} \left(\frac{\partial g^{(S_k)}(\boldsymbol{x}, \boldsymbol{y}^c)}{\partial x_r} \sigma_{x_t} \right)^2 \right]^{-\frac{1}{2}} \sum_{t=1}^{n} \left(\frac{\partial g^{(S_k)}(\boldsymbol{x}, \boldsymbol{y}^c)}{\partial x_r} \frac{\partial^2 g^{(S_k)}(\boldsymbol{x}, \boldsymbol{y}^c)}{\partial x_r \partial y_j} \sigma_{x_t}^2 \right) \tag{4-20}$$

$$\frac{\partial C}{\partial y_j} = \left[\sum_{q=1}^{n} \left(\frac{\partial g^{(S_l)}(\boldsymbol{x}, \boldsymbol{y}^c)}{\partial x_q} \sigma_{x_q} \right)^2 \right]^{-\frac{1}{2}} \sum_{q=1}^{n} \left(\frac{\partial g^{(S_l)}(\boldsymbol{x}, \boldsymbol{y}^c)}{\partial x_q} \frac{\partial^2 g^{(S_l)}(\boldsymbol{x}, \boldsymbol{y}^c)}{\partial x_q \partial y_j} \sigma_{x_q}^2 \right)$$

由式（4-17）与式（4-18）可计算获得结构系统中任意两个功能函数间的相关系数上下界，且对于任意含混合变量的结构系统来说，通常系统中任意两个功能函数间为正相关，因而相关系数的取值范围通常 $0 \leqslant \rho_{Z^{(S_k)} Z^{(S_l)}}^{L}$，$\rho_{Z^{(S_k)} Z^{(S_l)}}^{R} \leqslant 1$。从其取值范围可看出，若结构系统中任意功能函数处于失效状态，都会使得其他与之相关的功能函数处于失效状态的概率增加；由式（4-14）也不难观察出，影响结构系统中各功能函数间的相关系数的因素有很多，与各失效模式所含有混合不确定性变量的数量、各随机变量的变异系数等因素有关，上述因素都会导致同一结构系统，在处于不同失效模式状态下，所获得的各功能函数的相关系数不同，进而体现出彼此间相关程度不同。计算得到各功能函数相关系数 $\rho_{Z^{(S_k)} Z^{(S_l)}}$ 的大小后，再选取一个临界值作为衡量各失效模式间的相关程度高低的依据，若 $\rho_{Z^{(S_k)} Z^{(S_l)}}$ 大于或者等于所给定的临界值 ρ_0，则表示两个失效模式高级相关；反之，若 $\rho_{Z^{(S_k)} Z^{(S_l)}} < \rho_0$，则称为低级相关。通常情况下，临界值 ρ_0 根据结构系统所处的工程环境具体分析，给定其确切

的取值，一般 ρ_0 取0.7或0.8 。在获得相关系数并且选择好临界值 ρ_0 后，可简化对结构系统可靠性的求解。

4.4.3　混合概率网络估算技术

工程实际中结构系统往往较为复杂，对其进行可靠性分析时，由于各失效模式间存在相关性，且当通过计算所获得的主要失效模式较多时，确保结构系统的失效概率以及可靠度指标的精度往往也比较困难。因此，需要探索既能满足工程实践对精度的要求又能确保计算相对简单且计算工作量不大的算法。现今主要采用的两类方法分别为区间估计法与点估计法。区间估计法主要有界限法。此类方法通过概率计算获得结构系统失效概率区间，且为确保精度必须使得界限尽可能地窄小，继而大大增加了计算工作量。点估计法于 1970 年由 Stevenson 和 Moses 提出的，点估计方法简化了非常复杂的具有多个积分边界的高维积分问题，并给出了能够满足工程中对精度要求的近似解。

概率网络估算技术（Probabilistic Network Evaluation Technique，PNET）是 Ma 与 Ang 等人于 1979 年提出的众多点估计方法中的一种近似方法。该方法主要思想就是用部分失效形式代替系统全部的失效形式，进而简洁高效地获得系统可靠度的近似解。仅需利用失效模式的一阶失效概率值，不但简化了计算，而且可以保证结构工程中对精度的要求。对于复杂的大型结构系统的适用性也较强。本针对于含有混合不确定变量的串联结构系统，建立了混合 PNET 方法求解结构系统失效概率以及可靠度指标。

混合 PNET 法计算结构系统失效概率以及可靠度指标的步骤如下：

Step.1　列出主要破坏模式以及相应的含混合不确定性变量的结构功能函数，求相应的含混合不确定性变量的 n 个结构功能函数的可靠度指标，将系统中的 n 个失效模式所得到的可靠度指标上下界，按从小到大顺序依次进行排序；

$$\beta_1^R \leqslant \beta_2^R \leqslant \cdots \beta_s^R \leqslant \cdots \beta_n^R$$
$$\beta_1^L \leqslant \beta_2^L \leqslant \cdots \beta_s^L \leqslant \cdots \beta_n^L$$

（4-21）

Step.2 分别选取上式 β^R 与 β^L 中的最小值，分别代表可靠度指标上下界的一个代表模式，再依次计算结构系统中其他失效模式与该失效模式间的相关系数 $\rho_{Z^{(S_k)}Z^{(S_l)}}$，从而获得相关系数区间 $[\rho_{Z^{(S_k)}Z^{(S_l)}}^L, \rho_{Z^{(S_k)}Z^{(S_l)}}^R]$；

Step.3 确定临界值区间 ρ_0。ρ_0 的选取与结构系统失效模式的多少、结构系统中各失效模式的相关程度等有关，并且 ρ_0 的取值也决定了 PNET 方法计算结果的精度；

Step.4 将 $\rho_{Z^{(S_k)}Z^{(S_l)}}^L \geqslant \rho_0$ 的所有模式分为一组，并认为彼此之间完全相关，以此作为代表模式替代原来所有的失效模式，此时的结构可靠度指标用 $\beta_i^L, (i=1,2,\cdots,n)$ 标记；

Step.5 若 $\rho_{Z^{(S_k)}Z^{(S_l)}}^L < \rho_0$，则系统中各失效模式进行再次分组，重复 Step.4，直至全部分组完毕，最终获得 M 个代表失效模式；

Step.6 最终结构系统失效概率区间的近似表达式可写为：

$$P_f^R = 1 - \prod_{i \in M}(1 - P_{f_i}^R), i = (1,2,\cdots,n)$$
$$P_f^L = 1 - \prod_{i \in M}(1 - P_{f_i}^L), i = (1,2,\cdots,n)$$

（4-22）

Step.7 最终结构系统可靠度指标区间的近似表达式可写为：

$$\beta^R = \Phi^{-1}(1 - P_{f_i}^L), i = (1,2,\cdots,n)$$
$$\beta^L = \Phi^{-1}(1 - P_{f_i}^R), i = (1,2,\cdots,n)$$

（4-23）

4.5　程序实现

上节阐述了含混合不确定性变量的结构系统可靠性分析问题（图 4-5），并详细地给出了求解此类问题的具体步骤，本节提出关于高维非线性含混

合不确定性变量的结构系统的失效概率区间的程序流程，其框图如图 4-6
所示。

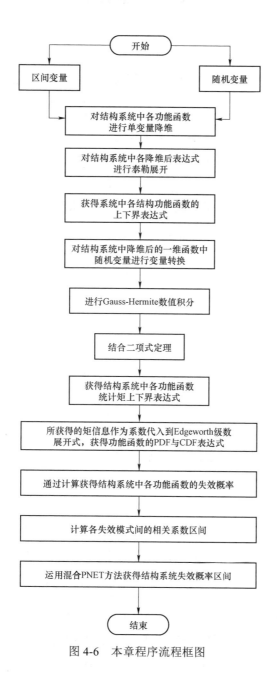

图 4-6　本章程序流程框图

4.6 数值算例

（1）算例 1

假设同时含混合不确定性变量的某串联结构系统的各功能函数的表达式如下式所示：

$$g_1 = 2x_1^2 - 3x_2^3 + x_3^2 + x_4 + 2x_5$$
$$g_2 = 0.5x_1 - 2.5x_2 - 0.75x_4 + 8.36 \qquad (4\text{-}24)$$
$$g_3 = 2.75x_1^2 - 0.56x_2 - 0.68x_3^2 + x_5 + 28.85$$

式中，x_1，x_2，x_3 为彼此相互独立的正态随机变量；x_4，x_5 为区间变量；上述 5 个不确定性变量的统计特征见表 4-1，试计算串联结构系统的可靠度指标区间。

表 4-1 串联结构不确定参数统计特征

不确定量	参数 1	参数 2	分布类型
x_1	2.8	0.1	正态分布
x_2	2.1	0.1	正态分布
x_3	6.5	0.1	正态分布
x_4	3.8	4.05	区间变量
x_5	2.5	2.75	区间变量

注：在随机变量中，参数 1 为均值，参数 2 为变异系数；在区间变量中，参数 1 为变量下界，参数 2 为变量上界。

如图 4-6 所示，首先要对上述 3 个功能函数进行单变量降维，之后对降维后的各功能函数进行泰勒展开，获得各功能函数上下界表达式，再借助于变量转换与 Gauss-Hermite 数值积分法，计算各功能函数统计矩上下界，进而通过 Edgeworth 级数计算出各功能函数的失效概率区间与可靠度指标区间，再运用式（4-16）计算出各功能函数间的相关系数区间，算例 1 中各失效模式间的相关系数见表 4-2，由于 g_1、g_2 与 g_3 中所含有的区间变量前面的系数均为常数，并未含有随机变量或区间变量，因而计算得到的各功能函数间的相关系数均为确定数值；最终计算出结构可靠度指标区间见表 4-3。通过表 4-3 可看出，运用本章方法计算的可靠度指标与 MCS 法的结果相对误差较小，可满足结构工程实际中对精度的要求。表明了本章方法的正确性。

表 4-2　串联结构各失效模式间相关系数

失效模式	1	2	3
1	1.0	0.950 9	0.403 1
2	—	1.0	0.200 9
3	—	—	1.0

表 4-3　算例 1 可靠度指标计算结果

方法	$[\beta^L, \beta^R]$	相对误差/%
MCS	[2.691 5, 2.573 6]	—
界限法	[2.947 8, 2.489 3]	[9.52, 3.28]
本章方法	[2.782 2, 2.604 5]	[3.37, 1.20]

通过表 4-3 可看出本书方法的计算结果相比于界限法，更接近于 MCS 方法，相对误差区间为 [3.37%，1.20%]，表明了本章方法对解决含混合不确定性变量的串联结构系统问题具有可行性。

（2）算例 2

假设同时含混合不确定性变量的某串联结构系统的各功能函数的表达式如下式所示：

$$g_1 = 3x_1^2 - 4.5x_1x_2 - x_3x_4 + 21.75$$
$$g_2 = 1.77x_3x_1 - 1.63x_2x_1 + x_3x_4 + x_2x_5 - 20.13 \qquad (4-25)$$
$$g_3 = 5.79x_1x_3 - 3.5x_3x_2 + 0.71x_3x_5 - 63.32$$

式中，x_1，x_2，x_3 为彼此相互独立的正态随机变量；x_4，x_5 为区间变量；上述 5 个不确定参数的统计特征见表 4-4，试计算串联结构系统的可靠度指标。

表 4-4　串联结构不确定参数统计特征

不确定量	参数 1	参数 2	分布类型
x_1	4.85	0.05	正态分布
x_2	3.20	0.06	正态分布
x_3	5.08	0.10	正态分布
x_4	1.50	1.65	区间变量
x_5	2.70	2.96	区间变量

注：在随机变量中，参数 1 为均值，参数 2 为变异系数；在区间变量中，参数 1 为变量下界，参数 2 为变量上界。

采用本章模型，计算该串联结构系统的可靠度指标区间，各失效模式间相关系数区间见表 4-5。最终计算获得串联结构系统的可靠度指标区间为 [2.678 3，2.524 1]，与 MCS 方法计算结果对比的结果见表 4-6。

表 4-5　串联结构各失效模式间相关系数

失效模式	1	2	3
1	[1.0, 1.0]	[0.386 2, 0.389]	[0.669 6, 0.687 3]
2	—	[1.0, 1.0]	[0.871 1, 0.873 4]
3	—	—	[1.0, 1.0]

表 4-6　算例 2 可靠度指标计算结果

方法	$[\beta^L, \beta^R]$	相对误差/%
MCS	[2.612 1, 2.489 3]	—
界限法	[2.878 2, 2.395 4]	[10.19, 3.77]
本章方法	[2.678 3, 2.524 1]	[2.53, 1.40]

（3）算例 3

单层超静定桁架如图 4-7 所示。已知含混合不确定性变量的统计参数见表 4-7。该超静定桁架结构有 5 根杆，即 $n=5$，有一个多余的约束，$r=1$。

因此，可能机构总数为 $C_n^{r+1} = C_5^2 = 10$。前 5 种主要机构见表 4-8。对应于这些机构的功能函数的可靠度指标区间计算结果、各失效模式间的相关系数区间，分别见表 4-9 与表 4-10。

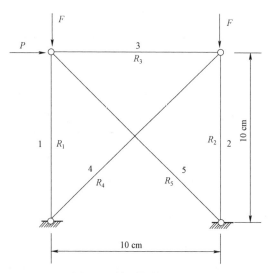

图 4-7　单层超静定桁架

表 4-7　串联结构不确定参数统计特征

不确定量	参数 1	参数 2	分布类型
$\sigma_{cr_1} / \mathrm{MPa}$	235	0.02	正态分布
$\sigma_{cr_2} / \mathrm{MPa}$	215	0.02	正态分布
$\sigma_{cr_3} / \mathrm{MPa}$	255	0.02	正态分布
P / N	255 174	0.02	正态分布
F / N	1 050	0.03	正态分布
A_1 / mm^2	580.970 3	583.404 3	区间变量
A_2 / mm^2	633.597 7	637.674 4	区间变量
A_3 / mm^2	753.744 3	760.347 8	区间变量

注：在随机变量中，参数 1 为均值，参数 2 为变异系数；在区间变量中，参数 1 为变量下界，参数 2 为变量上界。

表 4-8 串联结构各失效模式功能函数

机构	杆件破坏	功能函数
1	$3^-,5^-$	$Z_1 = \sigma_{cr_2} A_2 + \dfrac{\sqrt{2}}{2} \sigma_{cr_3} A_3 - P$
2	$2^-,5^-$	$Z_2 = \sigma_{cr_1} A_1 + \dfrac{\sqrt{2}}{2} \sigma_{cr_3} A_3 - P - F$
3	$1^+,2^-$	$Z_3 = 2\sigma_{cr_1} A_1 - P$
4	$4^+,5^-$	$Z_4 = \sqrt{2}\sigma_{cr_3} A_3 - P$
5	$1^+,3^-$	$Z_5 = \sigma_{cr_1} A_1 + \sigma_{cr_2} A_2 - P + F$

表 4-9 串联结构各失效模式间相关系数

失效模式	1	2	3	4	5
1	[1.0, 1.0]	—	—	—	—
2	[0.816 9, 0.817 9]	[1.0, 1.0]	—	—	—
3	[0.542 4, 0.545 1]	[0.855 6, 0.856 9]	[1.0, 1.0]	—	—
4	[0.809 8, 0.855 6]	[0.855 6, 0.856 2]	[0.464 1, 0.467 3]	[1.0, 1.0]	—
5	[0.816 9, 0.853 8]	[0.816 9, 0.818 9]	[0.855 6, 0.856 5]	[0.542 4, 0.546]	[1.0, 1.0]

表 4-10 算例 3 可靠度指标计算结果

方法	$[\beta^L, \beta^R]$	相对误差/%
MCS	[2.055 8, 2.263 6]	—
界限法	[1.809 3, 2.536 4]	[11.99, 12.05]
本章方法	[2.244 5, 2.452 2]	[9.18, 8.33]

依据本章针对于含混合不确定性变量的串联结构系统进行可靠度指标区间的计算流程，分别计算出各失效模式间的相关系数区间以及结构系统的可靠度指标区间，从表 4-10 中不难看出，运用本章方法所获得计算结果与 MCS 方法结果的相对误差较小，计算结果较为接近，从而充分说明了本章所提方法对于求解此类问题的正确性与可行性，为含混合不确定性变量的结构系统求解可靠度指标提供了一条新思路。

4.7　本章小结

　　本章对结构系统的可靠度指标的求解给出了详细的介绍，包括介绍了最基本的结构系统形式以及其相应各自的特点；介绍了串联结构系统与并联结构系统的可靠度指标的求解；介绍了本章方法对于含混合不确定性变量的各功能函数的失效概率区间以及可靠度指标区间的求解步骤；介绍了各失效模式间的相关系数的关系式，并结合泰勒展开对相关系数中的区间变量进行泰勒展开，从而推导出相关系数区间表达式；介绍了运用 PNET 方法最终计算得到结构系统可靠度指标区间的具体步骤。本章所提的方法，简化了结构系统对于求解失效概率以及相应的可靠度指标的高维积分问题，将含混合不确定性变量的结构系统可靠性计算问题，通过降维算法转化为有限个一维函数的叠加求和问题；也考虑了各失效模式的相关性，并运用 PNET 方法，将所有失效模式的计算，仅利用几个具有代表性的失效模式来近似替代，转化为维数较低的失效模式问题，简化了结构系统可靠度指标的求解。本章所提方法可简化计算含混合不确定性变量的复杂结构系统的失效概率区间以及可靠度指标区间。通过数值算例表明本章所提方法具有可行性。

第 5 章
混合不确定性变量的结构灵敏度分析

5.1 引 言

可靠性分析在于研究由于各种混合不确定性参数而传递到结构响应的过程，而灵敏度分析可通过引起结构响应影响程度不同的不确定性参数重新对不确定参数进行排序。通过灵敏度分析可忽略对结构响应贡献很小的不确定参数，可定量的给出对结构响应的影响，从而帮助研究人员快速的简化结构分析模型，可减小结构的失效概率或提高相应的可靠度指标，可进一步指导结构的稳健性及优化设计，从而获得以最小的经济与时间为代价的更为可靠安全的产品。可靠性灵敏度从数学角度可理解为由结构失效概率 P_f 对不确定参数 θ_x 的偏导数，即 $\partial P_f/\partial \theta_x$。灵敏度即求导信息，也可称为敏感性。充分反映了不同设计参数对引起结构失效的影响程度。由定义可看出，结构可靠性灵敏度分析是在研究结构可靠性的基础之上建立起来的，两者之间对于结构分析起到相辅相成的作用。随着结构可靠性分析方法研究的不断深入，可靠性灵敏度分析方法也随之受到各学科研究人员的重视，使之成为研究较为活跃的领域之一。

在工程结构可靠性灵敏度分析中，常用的计算方法有以下几种：① 有限差分法；② 基于马尔科夫链拟合的近似积分方法；③ 基于 MCS 模拟仿真方法；④ 基于均值一次二阶矩可靠性灵敏度方法；⑤ 基于线性抽样的方法；
⑥ 基于模拟退火的自适应重要抽样可靠性灵敏度分析方法；⑦ 半解析法等。
其中通过矩方法与 MCS 方法进行灵敏度分析较为普遍。二阶矩方法不能够准
确反映非线性结构功能函数对结构失效的影响；在结构非线性程度较高并且
存在多个设计参数时，受到迭代初始点的影响很大，且容易陷入局部最优甚
至导致不收敛等现象；对函数的表达式依赖性很强；对于功能函数为隐式的
情况，梯度的求解更为困难。基于 MCS 方法，则通过 MCS 模拟状态函数，
从而进行灵敏度研究。有限差分方法虽然原理相对简单，对于截断误差的选
取比较困难，容易导致结果失真。半解析法是一种介于差分法与解析法之间
的方法，虽然公式推导较为简单，但是仍然较难把握变量微小变化的选取。

　　与研究含有主客观混合不确定性可靠性分析模型相比，目前将含有混合
不确定性结构可靠性灵敏度分析的研究，作为关注焦点的情形相对较少。本
章在构建含主客观混合不确定性可靠性分析模型的基础上，提出了相应的结
构可靠性灵敏度计算方法，针对仅含有随机‑区间变量的结构可靠性灵敏度
分析进行了探索，并推导出基本变量独立情形下，结构可靠性灵敏度的表达
式；有效地反映了结构随机向量中各因素对结构失效的影响程度；与此同时，
也推导出结构失效概率对于区间变量的四种类型的灵敏度分析表达式。最
后通过算例说明运用本章方法进行结构可靠性灵敏度分析的正确性与有
效性。

5.2　混合不确定性变量的可靠性灵敏度分析

5.2.1　混合不确定性变量的灵敏度计算

　　可靠性灵敏度为将失效概率 P_f 对基本随机变量 $x_i(i=1,2,\cdots,n)$ 分布参数
（包括：均值 μ_{x_i} 与标准差 σ_{x_i} ）的偏导数。结构功能函数 $Z=g(\pmb{x},\pmb{y}^{\mathrm{I}})$ 的失效

概率上下界可由式（3-31）与式（3-32）获得。由失效概率 P_f、可靠度指标 β 与各基本分布参数三者之间的关系，并运用复合函数求偏导数运算法则，则结构功能函数 $Z = g(\boldsymbol{x}, \boldsymbol{y}^{\mathrm{I}})$ 的失效概率区间对随机参数向量 $\boldsymbol{x} = (x_1, x_2, \cdots, x_n)^{\mathrm{T}}$ 均值 μ_{x_i} 与标准差 σ_{x_i} 灵敏度的求解，即式（2-35）中 $\bar{g} = -\beta$ 时，可获得结构功能函数的失效概率，当 $\bar{g} = -\beta$ 时，将式（2-35）对随机参数向量 $\boldsymbol{x} = (x_1, x_2, \cdots, x_n)^{\mathrm{T}}$ 均值 μ_{x_i} 与标准差 σ_{x_i} 求导即可。则表达式可分别写为：

$$
\begin{aligned}
\frac{\partial P_f^{\mathrm{R}}}{\partial \mu_{x_i}} = {} & -\varphi(-\beta^{\mathrm{R}})\frac{\partial \beta^{\mathrm{R}}}{\partial \mu_{x_i}} - \frac{1}{3!}\left[-\left((\mu_g^3)^{\mathrm{R}}[(\mu_g^2)^{-\frac{3}{2}}]^{\mathrm{R}}\right)\varPhi^{(4)}(-\beta^{\mathrm{R}})\frac{\partial \beta^{\mathrm{R}}}{\partial \mu_{x_i}}\right] + \cdots \\
& - \frac{1}{3!}\left[\left(\frac{\partial(\mu_g^3)^{\mathrm{R}}}{\partial \mu_{x_i}}[(\mu_g^2)^{-\frac{3}{2}}]^{\mathrm{R}} - \frac{3}{2}(\mu_g^3)^{\mathrm{R}}[(\mu_g^2)^{-\frac{5}{2}}]^{\mathrm{R}}\frac{\partial(\mu_g^2)^{\mathrm{R}}}{\partial \mu_{x_i}}\right)\varPhi^{(3)}(-\beta^{\mathrm{R}})\right] + \cdots \\
& + \frac{1}{4!}\left[\left(\frac{\partial(\mu_g^4)^{\mathrm{R}}}{\partial \mu_{x_i}}[(\mu_g^2)^{-2}]^{\mathrm{R}} - 2(\mu_g^4)^{\mathrm{R}}[(\mu_g^2)^{-3}]^{\mathrm{R}}\frac{\partial(\mu_g^2)^{\mathrm{R}}}{\partial \mu_{x_i}}\right)\varPhi^{(4)}(-\beta^{\mathrm{R}})\right] + \cdots \\
& + \frac{1}{4!}\left[-[(\mu_g^4)^{\mathrm{R}}[(\mu_g^2)^{-2}]^{\mathrm{R}} - 3]\varPhi^{(5)}(-\beta^{\mathrm{R}})\frac{\partial \beta^{\mathrm{R}}}{\partial \mu_{x_i}}\right] + \cdots \\
& + \frac{10}{6!}\left[2\left((\mu_g^3)^{\mathrm{R}}[(\mu_g^2)^{-\frac{3}{2}}]^{\mathrm{R}}\right)\left(\frac{\partial(\mu_g^3)^{\mathrm{R}}}{\partial \mu_{x_i}}[(\mu_g^2)^{-\frac{3}{2}}]^{\mathrm{R}}\right)\varPhi^{(6)}(-\beta^{\mathrm{R}})\right] + \cdots \\
& + \frac{10}{6!}\left[2\left((\mu_g^3)^{\mathrm{R}}[(\mu_g^2)^{-\frac{3}{2}}]^{\mathrm{R}}\right)\left(-\frac{3}{2}(\mu_g^3)^{\mathrm{R}}[(\mu_g^2)^{-\frac{5}{2}}]^{\mathrm{R}}\frac{\partial(\mu_g^2)^{\mathrm{R}}}{\partial \mu_{x_i}}\right)\varPhi^{(6)}(-\beta^{\mathrm{R}})\right] + \cdots \\
& + \frac{10}{6!}\left[-\left[(\mu_g^3)^{\mathrm{R}}[(\mu_g^2)^{-\frac{3}{2}}]^{\mathrm{R}}\right]^2 \varPhi^{(7)}(-\beta^{\mathrm{R}})\frac{\partial \beta^{\mathrm{R}}}{\partial \mu_{x_i}}\right] - \cdots
\end{aligned}
$$

$$\text{（5-1）}$$

式中，$\varphi(\cdot)$ 为标准正态分布函数的概率密度函数；$\beta^{\mathrm{R}} = (\mu_g^1)^{\mathrm{R}}[(\mu_g^2)^{-\frac{1}{2}}]^{\mathrm{R}}$ 为结构功能函数的可靠度指标上界；$\dfrac{\partial \beta^{\mathrm{R}}}{\partial \mu_{x_i}} = \partial\left((\mu_g^1)^{\mathrm{R}}[(\mu_g^2)^{-\frac{1}{2}}]^{\mathrm{R}}\right)\Big/\partial \mu_{x_i}$ 为结构功能函数可靠度指标上界对随机参数向量中均值 μ_{x_i} 的偏导；$\partial(\mu_g^2)^{\mathrm{R}}/\partial \mu_{x_i}$ 为结构功能函数的标准差上界对随机参数向量中均值 μ_{x_i} 的偏导；$\partial(\mu_g^3)^{\mathrm{R}}/\partial \mu_{x_i}$ 为结构功能函数的三阶矩上界对随机参数向量中均值 μ_{x_i} 的偏导；$\partial(\mu_g^4)^{\mathrm{R}}/\partial \mu_{x_i}$ 为结

构功能函数的四阶矩上界对随机参数向量中均值 μ_{x_i} 的偏导。

$$\frac{\partial P_{\mathrm{f}}^{\mathrm{L}}}{\partial \mu_{x_i}} = -\varphi(-\beta^{\mathrm{L}})\frac{\partial \beta^{\mathrm{L}}}{\partial \mu_{x_i}} - \frac{1}{3!}\left[-\left((\mu_g^3)^{\mathrm{L}}[(\mu_g^2)^{-\frac{3}{2}}]^{\mathrm{L}}\right)\Phi^{(4)}(-\beta^{\mathrm{L}})\frac{\partial \beta^{\mathrm{L}}}{\partial \mu_{x_i}}\right] + \cdots$$

$$-\frac{1}{3!}\left[\left(\frac{\partial(\mu_g^3)^{\mathrm{L}}}{\partial \mu_{x_i}}[(\mu_g^2)^{-\frac{3}{2}}]^{\mathrm{L}} - \frac{3}{2}(\mu_g^3)^{\mathrm{L}}[(\mu_g^2)^{-\frac{5}{2}}]^{\mathrm{L}}\frac{\partial(\mu_g^2)^{\mathrm{L}}}{\partial \mu_{x_i}}\right)\Phi^{(3)}(-\beta^{\mathrm{L}})\right] + \cdots$$

$$+\frac{1}{4!}\left[\left(\frac{\partial(\mu_g^4)^{\mathrm{L}}}{\partial \mu_{x_i}}[(\mu_g^2)^{-2}]^{\mathrm{L}} - 2(\mu_g^4)^{\mathrm{L}}[(\mu_g^2)^{-3}]^{\mathrm{L}}\frac{\partial(\mu_g^2)^{\mathrm{L}}}{\partial \mu_{x_i}}\right)\Phi^{(4)}(-\beta^{\mathrm{L}})\right] + \cdots$$

$$+\frac{1}{4!}\left[-\left[(\mu_g^4)^{\mathrm{L}}[(\mu_g^2)^{-2}]^{\mathrm{L}} - 3\right]\Phi^{(5)}(-\beta^{\mathrm{L}})\frac{\partial \beta^{\mathrm{L}}}{\partial \mu_{x_i}}\right] + \cdots$$

$$+\frac{10}{6!}\left[2\left[(\mu_g^3)^{\mathrm{L}}[(\mu_g^2)^{-\frac{3}{2}}]^{\mathrm{L}}\right]\left(\frac{\partial(\mu_g^3)^{\mathrm{L}}}{\partial \mu_{x_i}}[(\mu_g^2)^{-\frac{3}{2}}]^{\mathrm{L}}\right)\Phi^{(6)}(-\beta^{\mathrm{L}})\right] + \cdots$$

$$+\frac{10}{6!}\left[2\left[(\mu_g^3)^{\mathrm{L}}[(\mu_g^2)^{-\frac{3}{2}}]^{\mathrm{L}}\right]\left(-\frac{3}{2}(\mu_g^3)^{\mathrm{L}}[(\mu_g^2)^{-\frac{5}{2}}]^{\mathrm{L}}\frac{\partial(\mu_g^2)^{\mathrm{L}}}{\partial \mu_{x_i}}\right)\Phi^{(6)}(-\beta^{\mathrm{L}})\right] + \cdots$$

$$+\frac{10}{6!}\left[-\left[(\mu_g^3)^{\mathrm{L}}[(\mu_g^2)^{-\frac{3}{2}}]^{\mathrm{L}}\right]^2\Phi^{(7)}(-\beta^{\mathrm{L}})\frac{\partial \beta^{\mathrm{L}}}{\partial \mu_{x_i}}\right] - \cdots$$

（5-2）

式中，$\beta^{\mathrm{L}} = (\mu_g^1)^{\mathrm{L}}[(\mu_g^2)^{-\frac{1}{2}}]^{\mathrm{L}}$ 为结构功能函数的可靠度指标下界；$\dfrac{\partial \beta^{\mathrm{L}}}{\partial \mu_{x_i}} = \partial\left((\mu_g^1)^{\mathrm{L}}\right.$

$\left.[(\mu_g^2)^{-\frac{1}{2}}]^{\mathrm{L}}\right)\Big/ \partial \mu_{x_i}$ 为结构功能函数可靠度指标下界对随机参数向量中均值 μ_{x_i}

的偏导；$\partial(\mu_g^2)^{\mathrm{L}} / \partial \mu_{x_i}$ 为结构功能函数的标准差下界对随机参数向量中均值
μ_{x_i} 的偏导；$\partial(\mu_g^3)^{\mathrm{L}} / \partial \mu_{x_i}$ 为结构功能函数的三阶矩下界对随机参数向量中均
值 μ_{x_i} 的偏导；$\partial(\mu_g^4)^{\mathrm{L}} / \partial \mu_{x_i}$ 为结构功能函数的四阶矩下界对随机参数向量中
均值 μ_{x_i} 的偏导。

$$\frac{\partial P_{\mathrm{f}}^{\mathrm{R}}}{\partial \sigma_{x_i}} = -\varphi(-\beta^{\mathrm{R}})\frac{\partial \beta^{\mathrm{R}}}{\partial \sigma_{x_i}} - \frac{1}{3!}\left[-\left((\mu_g^3)^{\mathrm{R}}[(\mu_g^2)^{-\frac{3}{2}}]^{\mathrm{R}}\right)\Phi^{(4)}(-\beta^{\mathrm{R}})\frac{\partial \beta^{\mathrm{R}}}{\partial \sigma_{x_i}}\right] + \cdots$$

$$-\frac{1}{3!}\left[\left(\frac{\partial(\mu_g^3)^{\mathrm{R}}}{\partial \sigma_{x_i}}[(\mu_g^2)^{-\frac{3}{2}}]^{\mathrm{R}} - \frac{3}{2}(\mu_g^3)^{\mathrm{R}}[(\mu_g^2)^{-\frac{5}{2}}]^{\mathrm{R}}\frac{\partial(\mu_g^2)^{\mathrm{R}}}{\partial \sigma_{x_i}}\right)\Phi^{(3)}(-\beta^{\mathrm{R}})\right] + \cdots$$

$$+ \frac{1}{4!}\left[\left(\frac{\partial(\mu_g^4)^{\mathrm{R}}}{\partial\sigma_{x_i}}[(\mu_g^2)^{-2}]^{\mathrm{R}} - 2(\mu_g^4)^{\mathrm{R}}[(\mu_g^2)^{-3}]^{\mathrm{R}}\frac{\partial(\mu_g^2)^{\mathrm{R}}}{\partial\sigma_{x_i}}\right)\Phi^{(4)}(-\beta^{\mathrm{R}})\right]+\cdots$$

$$+ \frac{1}{4!}\left[-\left[(\mu_g^4)^{\mathrm{R}}[(\mu_g^2)^{-2}]^{\mathrm{R}} - 3\right]\Phi^{(5)}(-\beta^{\mathrm{R}})\frac{\partial\beta^{\mathrm{R}}}{\partial\sigma_{x_i}}\right]+\cdots$$

$$+ \frac{10}{6!}\left[2\left[(\mu_g^3)^{\mathrm{R}}[(\mu_g^2)^{-\frac{3}{2}}]^{\mathrm{R}}\right]\left(\frac{\partial(\mu_g^3)^{\mathrm{R}}}{\partial\sigma_{x_i}}[(\mu_g^2)^{-\frac{3}{2}}]^{\mathrm{R}}\right)\Phi^{(6)}(-\beta^{\mathrm{R}})\right]+\cdots$$

$$+ \frac{10}{6!}\left[2\left[(\mu_g^3)^{\mathrm{R}}[(\mu_g^2)^{-\frac{3}{2}}]^{\mathrm{R}}\right]\left(-\frac{3}{2}(\mu_g^3)^{\mathrm{R}}[(\mu_g^2)^{-\frac{5}{2}}]^{\mathrm{R}}\frac{\partial(\mu_g^2)^{\mathrm{R}}}{\partial\sigma_{x_i}}\right)\Phi^{(6)}(-\beta^{\mathrm{R}})\right]+\cdots$$

$$+ \frac{10}{6!}\left[-\left[(\mu_g^3)^{\mathrm{R}}[(\mu_g^2)^{-\frac{3}{2}}]^{\mathrm{R}}\right]^2\Phi^{(7)}(-\beta^{\mathrm{R}})\frac{\partial\beta^{\mathrm{R}}}{\partial\sigma_{x_i}}\right]-\cdots$$

$$（5\text{-}3）$$

式中，$\dfrac{\partial\beta^{\mathrm{R}}}{\partial\sigma_{x_i}} = \dfrac{\partial\left((\mu_g^1)^{\mathrm{R}}[(\mu_g^2)^{-\frac{1}{2}}]^{\mathrm{R}}\right)}{\partial\sigma_{x_i}}$ 为结构功能函数可靠度指标上界对随机参数

向量中标准差 σ_{x_i} 的偏导；$\dfrac{\partial(\mu_g^2)^{\mathrm{R}}}{\partial\sigma_{x_i}}$ 为结构功能函数的标准差上界对随机参数

向量中标准差 σ_{x_i} 的偏导；$\dfrac{\partial(\mu_g^3)^{\mathrm{R}}}{\partial\sigma_{x_i}}$ 为结构功能函数的三阶矩上界对随机参数

向量中标准差 σ_{x_i} 的偏导；$\dfrac{\partial(\mu_g^4)^{\mathrm{R}}}{\partial\sigma_{x_i}}$ 为结构功能函数的四阶矩上界对随机参数

向量中标准差 σ_{x_i} 的偏导。

$$\frac{\partial P_{\mathrm{f}}^{\mathrm{L}}}{\partial\sigma_{x_i}} = -\varphi(-\beta^{\mathrm{L}})\frac{\partial\beta^{\mathrm{L}}}{\partial\sigma_{x_i}} - \frac{1}{3!}\left[-\left((\mu_g^3)^{\mathrm{L}}[(\mu_g^2)^{-\frac{3}{2}}]^{\mathrm{L}}\right)\Phi^{(4)}(-\beta^{\mathrm{L}})\frac{\partial\beta^{\mathrm{L}}}{\partial\sigma_{x_i}}\right]+\cdots$$

$$- \frac{1}{3!}\left[\left(\frac{\partial(\mu_g^3)^{\mathrm{L}}}{\partial\sigma_{x_i}}[(\mu_g^2)^{-\frac{3}{2}}]^{\mathrm{L}} - \frac{3}{2}(\mu_g^3)^{\mathrm{L}}[(\mu_g^2)^{-\frac{5}{2}}]^{\mathrm{L}}\frac{\partial(\mu_g^2)^{\mathrm{L}}}{\partial\sigma_{x_i}}\right)\Phi^{(3)}(-\beta^{\mathrm{L}})\right]+\cdots$$

$$+ \frac{1}{4!}\left[\left(\frac{\partial(\mu_g^4)^{\mathrm{L}}}{\partial\sigma_{x_i}}[(\mu_g^2)^{-2}]^{\mathrm{L}} - 2(\mu_g^4)^{\mathrm{L}}[(\mu_g^2)^{-3}]^{\mathrm{L}}\frac{\partial(\mu_g^2)^{\mathrm{L}}}{\partial\sigma_{x_i}}\right)\Phi^{(4)}(-\beta^{\mathrm{L}})\right]+\cdots$$

$$+ \frac{1}{4!}\left[-\left[(\mu_g^4)^{\mathrm{L}}[(\mu_g^2)^{-2}]^{\mathrm{L}} - 3\right]\Phi^{(5)}(-\beta^{\mathrm{L}})\frac{\partial\beta^{\mathrm{L}}}{\partial\sigma_{x_i}}\right]+\cdots$$

$$+\frac{10}{6!}\left[2\left[(\mu_g^3)^{\mathrm{L}}[(\mu_g^2)^{-\frac{3}{2}}]^{\mathrm{L}}\right]\left(\frac{\partial(\mu_g^3)^{\mathrm{L}}}{\partial\sigma_{x_i}}[(\mu_g^2)^{-\frac{3}{2}}]^{\mathrm{L}}\right)\varPhi^{(6)}(-\beta^{\mathrm{L}})\right]+\cdots$$

$$+\frac{10}{6!}\left[2\left[(\mu_g^3)^{\mathrm{L}}[(\mu_g^2)^{-\frac{3}{2}}]^{\mathrm{L}}\right]\left(-\frac{3}{2}(\mu_g^3)^{\mathrm{L}}[(\mu_g^2)^{-\frac{5}{2}}]^{\mathrm{L}}\frac{\partial(\mu_g^2)^{\mathrm{L}}}{\partial\sigma_{x_i}}\right)\varPhi^{(6)}(-\beta^{\mathrm{L}})\right]+\cdots$$

$$+\frac{10}{6!}\left[-\left[(\mu_g^3)^{\mathrm{L}}[(\mu_g^2)^{-\frac{3}{2}}]^{\mathrm{L}}\right]^2\varPhi^{(7)}(-\beta^{\mathrm{L}})\frac{\partial\beta^{\mathrm{L}}}{\partial\sigma_{x_i}}\right]-\cdots$$

$$(5\text{-}4)$$

式中，$\dfrac{\partial\beta^{\mathrm{L}}}{\partial\sigma_{x_i}}=\partial\left((\mu_g^1)^{\mathrm{L}}[(\mu_g^2)^{-\frac{1}{2}}]^{\mathrm{L}}\right)\Big/\partial\sigma_{x_i}$ 为结构功能函数可靠度指标下界对随机

参数向量中标准差 σ_{x_i} 的偏导；$\partial(\mu_g^2)^{\mathrm{L}}/\partial\sigma_{x_i}$ 为结构功能函数的标准差下界对

随机参数向量中标准差 σ_{x_i} 的偏导；$\partial(\mu_g^3)^{\mathrm{L}}/\partial\sigma_{x_i}$ 为结构功能函数的三阶矩下

界对随机参数向量中标准差 σ_{x_i} 的偏导；$\partial(\mu_g^4)^{\mathrm{L}}/\partial\sigma_{x_i}$ 为结构功能函数的四阶

矩下界对随机参数向量中标准差 σ_{x_i} 的偏导。由上述式（5-1）～式（5-4）可

知，要计算灵敏度区间，还必须求解结构功能函数统计矩上下界 $(\mu_g^k)^{\mathrm{R}},(\mu_g^k)^{\mathrm{L}}$，

$(k=1,2,3,4)$ 分别对基本向量参数 μ_{x_i} 与 σ_{x_i} 的偏导数。

5.2.2　功能函数统计矩对基本变量分布参数的偏导数

由式（3-35）与（3-36）可获得含随机–区间变量的结构功能函数中心矩

的上下界。因而，结构功能函数中心矩上下界 $(\mu_g^k)^{\mathrm{R}},(\mu_g^k)^{\mathrm{L}},(k=2,3,4)$ 对基本

向量参数 μ_{x_i} 与 σ_{x_i} 的偏导数表达式可分别写为：

（1）结构功能函数方差上下界对随机变量均值的灵敏度上下界可分别表

达为：

$$\frac{\partial(\mu_g^2)^{\mathrm{R}}}{\partial\mu_{x_i}}=\left[\frac{\partial(m_g^2)^{\mathrm{R}}}{\partial\mu_{x_i}}-2[(m_g^1)^{\mathrm{R}}]\frac{\partial[(m_g^1)^{\mathrm{R}}]}{\partial\mu_{x_i}}\right],$$

$$\frac{\partial(\mu_g^2)^{\mathrm{L}}}{\partial\mu_{x_i}}=\left[\frac{\partial(m_g^2)^{\mathrm{L}}}{\partial\mu_{x_i}}-2[(m_g^1)^{\mathrm{L}}]\frac{\partial[(m_g^1)^{\mathrm{L}}]}{\partial\mu_{x_i}}\right]$$

$$(5\text{-}5)$$

（2）结构功能函数第三阶中心矩上下界对随机变量均值的灵敏度上下界

可分别表达为：

$$\frac{\partial (\mu_g^3)^R}{\partial \mu_{x_i}} = \frac{\partial (m_g^3)^R}{\partial \mu_{x_i}} + 6[(m_g^3)^R]^2 \frac{\partial (m_g^3)^R}{\partial \mu_{x_i}}$$
$$- 3\left[\frac{\partial (m_g^2)^R}{\partial \mu_{x_i}}(m_g^1)^R + (m_g^2)^R \frac{\partial (m_g^1)^R}{\partial \mu_{x_i}} \right]$$

（5-6）

$$\frac{\partial (\mu_g^3)^L}{\partial \mu_{x_i}} = \frac{\partial (\mu_g^3)^L}{\partial \mu_{x_i}} = \frac{\partial (m_g^3)^L}{\partial \mu_{x_i}} + 6[(m_g^3)^L]^2 \frac{\partial (m_g^3)^L}{\partial \mu_{x_i}}$$
$$- 3\left[\frac{\partial (m_g^2)^L}{\partial \mu_{x_i}}(m_g^1)^L + (m_g^2)^L \frac{(m_g^1)^L}{\partial \mu_{x_i}} \right]$$

（5-7）

（3）功能函数第四阶中心矩上下界对随机变量均值的灵敏度上下界可分别表达为：

$$\frac{\partial (\mu_g^4)^R}{\partial \mu_{x_i}} = \frac{\partial (m_g^4)^R}{\partial \mu_{x_i}} - 4\left[\frac{\partial (m_g^3)^R}{\partial \mu_{x_i}}(m_g^1)^R + (m_g^3)^R \frac{\partial (m_g^1)^R}{\partial \mu_{x_i}} \right] + \cdots$$
$$+ 6\left[\frac{\partial (m_g^2)^R}{\partial \mu_{x_i}}[(m_g^1)^R]^2 + 2(m_g^2)^R[(m_g^1)^R]\frac{\partial (m_g^1)^R}{\partial \mu_{x_i}} \right] + \cdots$$
$$- 12[(m_g^1)^R]^3 \frac{\partial (m_g^1)^R}{\partial \mu_{x_i}}$$

（5-8）

$$\frac{\partial (\mu_g^4)^L}{\partial \mu_{x_i}} = \frac{\partial (m_g^4)^L}{\partial \mu_{x_i}} - 4\left[\frac{\partial (m_g^3)^L}{\partial \mu_{x_i}}(m_g^1)^L + (m_g^3)^L \frac{\partial (m_g^1)^L}{\partial \mu_{x_i}} \right] + \cdots$$
$$+ 6\left[\frac{\partial (m_g^2)^L}{\partial \mu_{x_i}}[(m_g^1)^L]^2 + 2(m_g^2)^L[(m_g^1)^L]\frac{\partial (m_g^1)^L}{\partial \mu_{x_i}} \right] + \cdots$$
$$- 12[(m_g^1)^L]^3 \frac{\partial (m_g^1)^L}{\partial \mu_{x_i}}$$

（5-9）

（4）结构功能函数方差上下界对随机变量标准差的灵敏度上下界可分别表达为：

$$\frac{\partial (\mu_g^2)^R}{\partial \sigma_{x_i}} = \left[\frac{\partial (m_g^2)^R}{\partial \sigma_{x_i}} - 2[(m_g^1)^R]\frac{\partial [(m_g^1)^R]}{\partial \sigma_{x_i}} \right]$$
$$\frac{\partial (\mu_g^2)^L}{\partial \sigma_{x_i}} = \left[\frac{\partial (m_g^2)^L}{\partial \sigma_{x_i}} - 2[(m_g^1)^L]\frac{\partial [(m_g^1)^L]}{\partial \sigma_{x_i}} \right]$$

（5-10）

（5）结构功能函数第三阶中心矩上下界对随机变量标准差的灵敏度上下界可分别表达为：

$$\frac{\partial(\mu_g^3)^{\mathrm{R}}}{\partial\sigma_{x_i}} = \frac{\partial(m_g^3)^{\mathrm{R}}}{\partial\sigma_{x_i}} + 6[(m_g^3)^{\mathrm{R}}]^2\frac{\partial(m_g^3)^{\mathrm{R}}}{\partial\sigma_{x_i}} + \cdots \\ -3\left[\frac{\partial(m_g^2)^{\mathrm{R}}}{\partial\sigma_{x_i}}(m_g^1)^{\mathrm{R}} + (m_g^2)^{\mathrm{R}}\frac{\partial(m_g^1)^{\mathrm{R}}}{\partial\sigma_{x_i}}\right]$$

（5-11）

$$\frac{\partial(\mu_g^3)^{\mathrm{L}}}{\partial\sigma_{x_i}} = \frac{\partial(m_g^3)^{\mathrm{L}}}{\partial\sigma_{x_i}} + 6[(m_g^3)^{\mathrm{L}}]^2\frac{\partial(m_g^3)^{\mathrm{L}}}{\partial\sigma_{x_i}} + \cdots \\ -3\left[\frac{\partial(m_g^2)^{\mathrm{L}}}{\partial\sigma_{x_i}}(m_g^1)^{\mathrm{L}} + (m_g^2)^{\mathrm{L}}\frac{\partial(m_g^1)^{\mathrm{L}}}{\partial\sigma_{x_i}}\right]$$

（5-12）

（6）功能函数第四阶中心矩上下界对随机变量标准差的灵敏度上下界可分别表达为：

$$\frac{\partial(\mu_g^4)^{\mathrm{R}}}{\partial\sigma_{x_i}} = \frac{\partial(m_g^4)^{\mathrm{R}}}{\partial\sigma_{x_i}} - 4\left[\frac{\partial(m_g^3)^{\mathrm{R}}}{\partial\sigma_{x_i}}(m_g^1)^{\mathrm{R}} + (m_g^3)^{\mathrm{R}}\frac{\partial(m_g^1)^{\mathrm{R}}}{\partial\sigma_{x_i}}\right] + \cdots \\ 6\left[\frac{\partial(m_g^2)^{\mathrm{R}}}{\partial\sigma_{x_i}}[(m_g^1)^{\mathrm{R}}]^2 + 2(m_g^2)^{\mathrm{R}}[(m_g^1)^{\mathrm{R}}]\frac{\partial(m_g^1)^{\mathrm{R}}}{\partial\sigma_{x_i}}\right] + \cdots \\ -12[(m_g^1)^{\mathrm{R}}]^3\frac{\partial(m_g^1)^{\mathrm{R}}}{\partial\sigma_{x_i}}$$

（5-13）

$$\frac{\partial(\mu_g^4)^{\mathrm{L}}}{\partial\sigma_{x_i}} = \frac{\partial(m_g^4)^{\mathrm{L}}}{\partial\sigma_{x_i}} - 4\left[\frac{\partial(m_g^3)^{\mathrm{L}}}{\partial\sigma_{x_i}}(m_g^1)^{\mathrm{L}} + (m_g^3)^{\mathrm{L}}\frac{\partial(m_g^1)^{\mathrm{L}}}{\partial\sigma_{x_i}}\right] + \cdots \\ 6\left[\frac{\partial(m_g^2)^{\mathrm{L}}}{\partial\sigma_{x_i}}[(m_g^1)^{\mathrm{L}}]^2 + 2(m_g^2)^{\mathrm{L}}[(m_g^1)^{\mathrm{L}}]\frac{\partial(m_g^1)^{\mathrm{L}}}{\partial\sigma_{x_i}}\right] + \cdots \\ -12[(m_g^1)^{\mathrm{L}}]^3\frac{\partial(m_g^1)^{\mathrm{L}}}{\partial\sigma_{x_i}}$$

（5-14）

由上述式（5-5）～式（5-9）分别代入到式（5-1）与式（5-2），可获得结构功能函数 $Z = g(\boldsymbol{x}, \boldsymbol{y}^{\mathrm{I}})$ 的失效概率区间对随机参数向量均值 μ_{x_i} 的灵敏度区间；同理，将式（5-10）～式（5-14）分别代入到式（5-3）与式（5-4），可通过计算获得结构功能函数 $Z = g(\boldsymbol{x}, \boldsymbol{y}^{\mathrm{I}})$ 的失效概率区间对随机参数向量

标准差 σ_{x_i} 的灵敏度区间。对（3-26）与式（3-27）两边分别求导，可获得结构功能函数的第 k 阶原点矩灵敏度区间，其表达式可分别写为：

$$\frac{\partial m_{g^R}^{(k)}}{\partial \mu_{x_i}} = \sum_{l=0}^{k} C_k^l \left\{ \left[\sum_{i_1=1}^{l} C_l^{i_1} (l-i) m_{[h_1(x_1,y^c)]^R}^{l-i-1} \frac{\partial m_{[h_1(x_1,y^c)]^R}^{l-i}}{\partial \mu_{x_i}} \right] A_2 A_3 \cdots A_4 A_5 + \cdots \right.$$

$$A_1 \left[\sum_{i_2=2}^{i_1} C_{i_1}^{i_2} (i_1-i_2) m_{[h_2(x_2,y^c)]^R}^{i_1-i_2-1} \frac{\partial m_{[h_2(x_2,y^c)]^R}^{i_1-i_2}}{\partial \mu_{x_i}} \right] A_3 \cdots A_4 A_5 + \cdots$$

$$A_1 A_2 \cdots \left[\sum_{i_j=j}^{i_{j-1}} C_{i_{j-1}}^{i_j} (i_{j-1}-i_j) m_{[h_j(x_j,y^c)]^R}^{i_{j-1}-i_j-1} \frac{\partial m_{[h_j(x_j,y^c)]^R}^{i_{j-1}-i_j}}{\partial \mu_{x_i}} \right] A_4 A_5 + \cdots \quad （5\text{-}15）$$

$$A_1 A_2 \cdots A_3 \left[\sum_{i_n=n}^{i_{n-1}} C_{i_{n-1}}^{i_n} (i_{j-1}-i_j) m_{[h_n(x_n,y^c)]^R}^{i_{n-1}-i_n-1} \frac{\partial m_{[h_n(x_n,y^c)]^R}^{i_{n-1}-i_n}}{\partial \mu_{x_i}} \right] A_5 + \cdots$$

$$\left. A_1 A_2 \cdots A_3 \cdots A_4 (k-l)[-(n-1)h_0^L]^{k-l-1} \frac{\partial [-(n-1)h_0^L]^{k-l}}{\partial \mu_{x_i}} \right\}$$

$$\frac{\partial m_{g^L}^{(k)}}{\partial \mu_{x_i}} = \sum_{l=0}^{k} C_k^l \left\{ \left[\sum_{i_1=1}^{l} C_l^{i_1} (l-i) m_{[h_1(x_1,y^c)]^L}^{l-i-1} \frac{\partial m_{[h_1(x_1,y^c)]^L}^{l-i}}{\partial \mu_{x_i}} \right] A_7 A_8 \cdots A_9 A_{10} + \cdots \right.$$

$$A_6 \left[\sum_{i_2=2}^{i_1} C_{i_1}^{i_2} (i_1-i_2) m_{[h_2(x_2,y^c)]^L}^{i_1-i_2-1} \frac{\partial m_{[h_2(x_2,y^c)]^L}^{i_1-i_2}}{\partial \mu_{x_i}} \right] A_8 \cdots A_9 A_{10} + \cdots$$

$$A_6 A_7 \cdots \left[\sum_{i_j=j}^{i_{j-1}} C_{i_{j-1}}^{i_j} (i_{j-1}-i_j) m_{[h_j(x_j,y^c)]^L}^{i_{j-1}-i_j} \frac{\partial m_{[h_j(x_j,y^c)]^L}^{i_{j-1}-i_j}}{\partial \mu_{x_i}} \right] A_9 A_{10} + \cdots \quad （5\text{-}16）$$

$$A_6 A_7 \cdots A_8 \left[\sum_{i_n=n}^{i_{n-1}} C_{i_{n-1}}^{i_n} (i_{j-1}-i_j) m_{[h_n(x_n,y^c)]^L}^{i_{n-1}-i_n-1} \frac{\partial m_{[h_n(x_n,y^c)]^L}^{i_{n-1}-i_n}}{\partial \mu_{x_i}} \right] A_{10} + \cdots$$

$$\left. A_6 A_7 \cdots A_8 \cdots A_9 (k-l)[-(n-1)h_0^R]^{k-l-1} \frac{\partial [-(n-1)h_0^R]^{k-l}}{\partial \mu_{x_i}} \right\}$$

$$\frac{\partial m_{g^R}^{(k)}}{\partial \sigma_{x_i}} = \sum_{l=0}^{k} C_k^l \left\{ \left[\sum_{i_1=1}^{l} C_l^{i_1} (l-i) m_{[h_1(x_1,y^c)]^R}^{l-i-1} \frac{\partial m_{[h_1(x_1,y^c)]^R}^{l-i}}{\partial \sigma_{x_i}} \right] A_2 A_3 \cdots A_4 A_5 + \cdots \right.$$

$$A_1 \left[\sum_{i_2=2}^{i_1} C_{i_1}^{i_2} (i_1-i_2) m_{[h_2(x_2,y^c)]^R}^{i_1-i_2-1} \frac{\partial m_{[h_2(x_2,y^c)]^R}^{i_1-i_2}}{\partial \sigma_{x_i}} \right] A_3 \cdots A_4 A_5 + \cdots$$

$$A_1 A_2 \cdots \left[\sum_{i_j=j}^{i_{j-1}} C_{i_{j-1}}^{i_j} (i_{j-1} - i_j) m_{[h_j(x_j, y^c)]^{\mathrm{R}}}^{i_{j-1}-i_j-1} \frac{\partial m_{[h_j(x_j, y^c)]^{\mathrm{R}}}^{i_{j-1}-i_j}}{\partial \sigma_{x_i}} \right] A_4 A_5 + \cdots$$

$$A_1 A_2 \cdots A_3 \left[\sum_{i_n=n}^{i_{n-1}} C_{i_{n-1}}^{i_n} (i_{j-1} - i_j) m_{[h_n(x_n, y^c)]^{\mathrm{R}}}^{i_{n-1}-i_n-1} \frac{\partial m_{[h_n(x_n, y^c)]^{\mathrm{R}}}^{i_{n-1}-i_n}}{\partial \sigma_{x_i}} \right] A_5 + \cdots \qquad (5\text{-}17)$$

$$A_1 A_2 \cdots A_3 \cdots A_4 (k-l) [-(n-1)h_0^{\mathrm{L}}]^{k-l-1} \frac{\partial [-(n-1)h_0^{\mathrm{L}}]^{k-l}}{\partial \sigma_{x_i}} \Bigg\}$$

$$\frac{\partial m_{g^{\mathrm{L}}}^{(k)}}{\partial \sigma_{x_i}} = \sum_{l=0}^{k} C_k^l \Bigg\{ \left[\sum_{i_1=1}^{l} C_l^{i_1} (l-i) m_{[h_1(x_1, y^c)]^{\mathrm{L}}}^{l-i-1} \frac{\partial m_{[h_1(x_1, y^c)]^{\mathrm{L}}}^{l-i}}{\partial \sigma_{x_i}} \right] A_7 A_8 \cdots A_9 A_{10} + \cdots$$

$$A_6 \left[\sum_{i_2=2}^{i_1} C_{i_1}^{i_2} (i_1 - i_2) m_{[h_2(x_2, y^c)]^{\mathrm{L}}}^{i_1-i_2-1} \frac{\partial m_{[h_2(x_2, y^c)]^{\mathrm{L}}}^{i_1-i_2}}{\partial \sigma_{x_i}} \right] A_8 \cdots A_9 A_{10} + \cdots$$

$$A_6 A_7 \cdots \left[\sum_{i_j=j}^{i_{j-1}} C_{i_{j-1}}^{i_j} (i_{j-1} - i_j) m_{[h_j(x_j, y^c)]^{\mathrm{L}}}^{i_{j-1}-i_j-1} \frac{\partial m_{[h_j(x_j, y^c)]^{\mathrm{L}}}^{i_{j-1}-i_j}}{\partial \sigma_{x_i}} \right] A_9 A_{10} + \cdots \qquad (5\text{-}18)$$

$$A_6 A_7 \cdots A_8 \left[\sum_{i_n=n}^{i_{n-1}} C_{i_{n-1}}^{i_n} (i_{j-1} - i_j) m_{[h_n(x_n, y^c)]^{\mathrm{L}}}^{i_{n-1}-i_n-1} \frac{\partial m_{[h_n(x_n, y^c)]^{\mathrm{L}}}^{i_{n-1}-i_n}}{\partial \sigma_{x_i}} \right] A_{10} + \cdots$$

$$A_6 A_7 \cdots A_8 \cdots A_9 (k-l) [-(n-1)h_0^{\mathrm{R}}]^{k-l-1} \frac{\partial [-(n-1)h_0^{\mathrm{R}}]^{k-l}}{\partial \sigma_{x_i}} \Bigg\}$$

式中，$A_1, A_2, A_3, A_4, A_5, A_6, A_7, A_8, A_9, A_{10}$ 的表达式分别为：

$$A_1 = \sum_{i_1=1}^{l} C_l^{i_1} m_{[h_1(x_1, y^c)]^{\mathrm{R}}}^{l-i} \qquad A_2 = \sum_{i_2=2}^{i_1} C_{i_1}^{i_2} m_{[h_2(x_2, y^c)]^{\mathrm{R}}}^{i_1-i_2}$$

$$A_3 = \sum_{i_j=j}^{i_{j-1}} C_{i_{j-1}}^{i_j} m_{[h_j(x_j, y^c)]^{\mathrm{R}}}^{i_{j-1}-i_j} \qquad A_4 = \sum_{i_n=n}^{i_{n-1}} C_{i_{n-1}}^{i_n} m_{[h_n(x_n, y^c)]^{\mathrm{R}}}^{i_{n-1}-i_n}$$

$$A_5 = [-(n-1)h_0^{\mathrm{L}}]^{k-l} \qquad A_6 = \sum_{i_1=1}^{l} C_l^{i_1} m_{[h_1(x_1, y^c)]^{\mathrm{L}}}^{l-i} \qquad (5\text{-}19)$$

$$A_7 = \sum_{i_2=2}^{i_1} C_{i_1}^{i_2} m_{[h_2(x_2, y^c)]^{\mathrm{L}}}^{i_1-i_2} \qquad A_8 = \sum_{i_j=j}^{i_{j-1}} C_{i_{j-1}}^{i_j} m_{[h_j(x_j, y^c)]^{\mathrm{L}}}^{i_{j-1}-i_j}$$

$$A_9 = \sum_{i_n=n}^{i_{n-1}} C_{i_{n-1}}^{i_n} m_{[h_n(x_n, y^c)]^{\mathrm{L}}}^{i_{n-1}-i_n} \qquad A_{10} = [-(n-1)h_0^{\mathrm{R}}]^{k-l}$$

运用式（5-15）～式（5-18），可获得结构功能函数 $Z = g(\boldsymbol{x}, \boldsymbol{y}^{\mathrm{I}})$ 的原点矩

对随机参数向量均值 μ_{x_i} 与标准差 σ_{x_i} 的灵敏度区间。若想获得式（5-15）~ 式（5-18）的灵敏度区间值，则必须计算降维后各一维函数原点矩上下界对结构基本随机变量的均值 μ_{x_i} 与标准差 σ_{x_i} 灵敏度区间，计算的表达式可分别写为如下形式：

$$
\frac{\partial m^k_{[h_i(x_i,y^c)]^R}}{\partial \mu_{x_i}} = \frac{\partial \int_{-\infty}^{\infty} \{([h_i(x_i,y^c)]^R)^k\} f(x_i)\mathrm{d}x_i}{\partial \mu_{x_i}}
$$

$$
= \frac{1}{\sqrt{\pi}} \sum_{s=1}^{r} \omega_s k([h_i(\boldsymbol{T},\boldsymbol{y}^c)]^R)^{k-1} \frac{\partial [h_i(\boldsymbol{T},\boldsymbol{y}^c)]^R}{\partial t^{-1}(u_{i,s})} \frac{\partial t^{-1}(u_{i,s})}{\partial \mu_{x_i}} \tag{5-20}
$$

$$
\frac{\partial m^k_{[h_i(x_i,y^c)]^L}}{\partial \mu_{x_i}} = \frac{\partial \int_{-\infty}^{\infty} \{([h_i(x_i,y^c)]^L)^k\} f(x_i)\mathrm{d}x_i}{\partial \mu_{x_i}}
$$

$$
= \frac{1}{\sqrt{\pi}} \sum_{s=1}^{r} \omega_s k([h_i(\boldsymbol{T},\boldsymbol{y}^c)]^L)^{k-1} \frac{\partial [h_i(\boldsymbol{T},\boldsymbol{y}^c)]^L}{\partial t^{-1}(u_{i,s})} \frac{\partial t^{-1}(u_{i,s})}{\partial \mu_{x_i}} \tag{5-21}
$$

$$
\frac{\partial m^k_{[h_i(x_i,y^c)]^R}}{\partial \sigma_{x_i}} = \frac{\partial \int_{-\infty}^{\infty} \{([h_i(x_i,y^c)]^R)^k\} f(x_i)\mathrm{d}x_i}{\partial \sigma_{x_i}}
$$

$$
= \frac{1}{\sqrt{\pi}} \sum_{s=1}^{r} \omega_s k\left([h_i(\boldsymbol{T},\boldsymbol{y}^c)]^R\right)^{k-1} \frac{\partial [h_i(\boldsymbol{T},\boldsymbol{y}^c)]^R}{\partial t^{-1}(u_{i,s})} \frac{\partial t^{-1}(u_{i,s})}{\partial \sigma_{x_i}} \tag{5-22}
$$

$$
\frac{\partial m^k_{[h_i(x_i,y^c)]^L}}{\partial \sigma_{x_i}} = \frac{\partial \int_{-\infty}^{\infty} \{([h_i(x_i,y^c)]^L)^k\} f(x_i)\mathrm{d}x_i}{\partial \sigma_{x_i}}
$$

$$
= \frac{1}{\sqrt{\pi}} \sum_{s=1}^{r} \omega_s k([h_i(\boldsymbol{T},\boldsymbol{y}^c)]^L)^{k-1} \frac{\partial [h_i(\boldsymbol{T},\boldsymbol{y}^c)]^L}{\partial t^{-1}(u_{i,s})} \frac{\partial t^{-1}(u_{i,s})}{\partial \sigma_{x_i}} \tag{5-23}
$$

通过结构功能函数的前四阶中心矩对不确定性参数求偏导的方法，可计算得到功能函数中心矩的灵敏度计算公式。

5.2.3　功能函数失效概率对区间变量的灵敏度分析

前两节讨论了结构功能函数失效概率区间对于基本随机变量的均值与方差的可靠性灵敏度分析，本节讨论失效概率区间对于区间变量的灵敏度分析。由于结构功能函数中含有随机变量与区间变量，受到区间变量的影响，导致结构失效概率不再是一个特定数值，而是一个区间，下面在研究结构失效概率区间对区间参数灵敏度分析之前，首先给出如下定义：

$$\delta_p = P_f^R - P_f^L, \quad P_f^{\,c} = (P_f^R + P_f^L)/2$$
$$\delta_i = y_i^R - y_i^L, \qquad y_i^{\,c} = (y_i^R + y_i^L)/2 \tag{5-24}$$

式中，δ_p、$P_f^{\,c}$ 分别为失效概率区间的宽度与中心值；$y_i^{\,c}$、δ_i 分别为区间变量的宽度与中心值。由单调性可知，失效概率的最大值与最小值只会出现在区间边界上。因此，以下四类灵敏度分析的推导公式，都可分为两种情形进行讨论：

① P_f^R 出现在 y_i^R 处，P_f^L 出现在 y_i^L 处；

② P_f^R 出现在 y_i^L 处，P_f^L 出现在 y_i^R 处；

类型一：$\dfrac{\partial \delta_p}{\partial \delta_i}$ 为失效概率区间宽度对区间变量宽度的灵敏度分析；

① P_f^R 出现在 y_i^R 处，P_f^L 出现在 y_i^L 处；

$$\frac{\partial \delta_p}{\partial \delta_i} = \frac{\partial (P_f^R - P_f^L)}{\partial \delta_i} = \frac{1}{2}\left(\frac{\partial P_f^R}{\partial y_i^R} + \frac{\partial P_f^L}{\partial y_i^L}\right) \tag{5-25}$$

② P_f^R 出现在 y_i^L 处，P_f^L 出现在 y_i^R 处；

$$\frac{\partial \delta_p}{\partial \delta_i} = \frac{\partial (P_f^R - P_f^L)}{\partial \delta_i} = -\frac{1}{2}\left(\frac{\partial P_f^L}{\partial y_i^R} + \frac{\partial P_f^R}{\partial y_i^L}\right) \tag{5-26}$$

类型二：$\dfrac{\partial P_f^{\,c}}{\partial \delta_i}$ 为失效概率中心值对区间变量宽度的灵敏度分析；

① P_f^R 出现在 y_i^R 处，P_f^L 出现在 y_i^L 处；

$$\frac{\partial P_f^{\,c}}{\partial \delta_i} = \frac{1}{2}\frac{\partial (P_f^R + P_f^L)}{\partial \delta_i} = \frac{1}{4}\left(\frac{\partial P_f^R}{\partial y_i^R} - \frac{\partial P_f^L}{\partial y_i^L}\right) \tag{5-27}$$

② P_f^R 出现在 y_i^L 处，P_f^L 出现在 y_i^R 处；

$$\frac{\partial P_f^{\,c}}{\partial \delta_i} = \frac{1}{2}\frac{\partial (P_f^R + P_f^L)}{\partial \delta_i} = \frac{1}{4}\left(\frac{\partial P_f^L}{\partial y_i^R} - \frac{\partial P_f^R}{\partial y_i^L}\right) \tag{5-28}$$

类型三：$\dfrac{\partial \delta_p}{\partial y_i^c}$ 为失效概率的区间宽度对区间变量中心值的灵敏度分析；

① P_f^R 出现在 y_i^R 处，P_f^L 出现在 y_i^L 处；

$$\frac{\partial \delta_p}{\partial y_i^c} = \frac{\partial (P_f^R - P_f^L)}{\partial y_i^c} = \frac{\partial P_f^R}{\partial y_i^R} - \frac{\partial P_f^L}{\partial y_i^L} \tag{5-29}$$

② P_f^R 出现在 y_i^L 处，P_f^L 出现在 y_i^R 处；

$$\frac{\partial \delta_p}{\partial y_i^c} = \frac{\partial (P_f^R - P_f^L)}{\partial y_i^c} = \frac{\partial P_f^R}{\partial y_i^L} - \frac{\partial P_f^L}{\partial y_i^R} \tag{5-30}$$

类型四：$\dfrac{\partial P_f^c}{\partial y_i^c}$ 为失效概率的区间中心值对区间变量中心值的灵敏度分析；

① P_f^R 出现在 y_i^R 处，P_f^L 出现在 y_i^L 处；

$$\frac{\partial P_f^c}{\partial y_i^c} = \frac{1}{2}\frac{\partial (P_f^R + P_f^L)}{\partial y_i^c} = \frac{1}{2}\left(\frac{\partial P_f^R}{\partial y_i^R} + \frac{\partial P_f^L}{\partial y_i^L}\right) \tag{5-31}$$

② P_f^R 出现在 y_i^L 处，P_f^L 出现在 y_i^R 处；

$$\frac{\partial P_f^c}{\partial y_i^c} = \frac{1}{2}\frac{\partial (P_f^R + P_f^L)}{\partial y_i^c} = \frac{1}{2}\left(\frac{\partial P_f^L}{\partial y_i^R} + \frac{\partial P_f^R}{\partial y_i^L}\right) \tag{5-32}$$

式中，$\dfrac{\partial P_f^R}{\partial y_i^R}$、$\dfrac{\partial P_f^R}{\partial y_i^L}$ 分别表示为结构功能函数失效概率的区间上界对于区间变量的上界与下界的偏导；$\dfrac{\partial P_f^L}{\partial y_i^R}$、$\dfrac{\partial P_f^L}{\partial y_i^L}$ 分别表示为失效概率的区间下界对于区间变量的上界与下界的偏导。并且各自的偏导表达式可写为如下形式：

$$\frac{\partial P_f^R}{\partial y_i^R} = -\varphi(-\beta^R)\frac{\partial \beta^R}{\partial y_i^R} - \frac{1}{3!}\left[-\left((\mu_g^3)^R[(\mu_g^2)^{-\frac{3}{2}}]^R\right)\Phi^{(4)}(-\beta^R)\frac{\partial \beta^R}{\partial y_i^R}\right] + \cdots$$

$$- \frac{1}{3!}\left[\left(\frac{\partial(\mu_g^3)^R}{\partial y_i^R}[(\mu_g^2)^{-\frac{3}{2}}]^R - \frac{3}{2}(\mu_g^3)^R[(\mu_g^2)^{-\frac{5}{2}}]^R\frac{\partial(\mu_g^2)^R}{\partial y_i^R}\right)\Phi^{(3)}(-\beta^R)\right] + \cdots$$

$$+ \frac{1}{4!}\left[\left(\frac{\partial(\mu_g^4)^R}{\partial y_i^R}[(\mu_g^2)^{-2}]^R - 2(\mu_g^4)^R[(\mu_g^2)^{-3}]^R\frac{\partial(\mu_g^2)^R}{\partial y_i^R}\right)\Phi^{(4)}(-\beta^R)\right] + \cdots$$

$$+ \frac{1}{4!}\left[-\left[(\mu_g^4)^R[(\mu_g^2)^{-2}]^R - 3\right]\Phi^{(5)}(-\beta^R)\frac{\partial \beta^R}{\partial y_i^R}\right] + \cdots$$

$$+\frac{10}{6!}\left[2\left[(\mu_g^3)^R[(\mu_g^2)^{-\frac{3}{2}}]^R\right]\left(\frac{\partial(\mu_g^3)^R}{\partial y_i^R}[(\mu_g^2)^{-\frac{3}{2}}]^R\right)\varPhi^{(6)}(-\beta^R)\right]+\cdots$$

$$+\frac{10}{6!}\left[2\left[(\mu_g^3)^R[(\mu_g^2)^{-\frac{3}{2}}]^R\right]\left(-\frac{3}{2}(\mu_g^3)^R[(\mu_g^2)^{-\frac{5}{2}}]^R\frac{\partial(\mu_g^2)^R}{\partial y_i^R}\right)\varPhi^{(6)}(-\beta^R)\right]+\cdots \quad (5\text{-}33)$$

$$+\frac{10}{6!}\left[-\left[(\mu_g^3)^R[(\mu_g^2)^{-\frac{3}{2}}]^R\right]^2\varPhi^{(7)}(-\beta^R)\frac{\partial\beta^R}{\partial y_i^R}\right]-\cdots$$

式中，$\dfrac{\partial\beta^R}{\partial y_i^R}=\dfrac{\partial\left((\mu_g^1)^R[(\mu_g^2)^{-\frac{1}{2}}]^R\right)}{\partial y_i^R}$ 为结构功能函数可靠度指标上界对区间变量

的上界 y_i^R 的偏导；$\dfrac{\partial(\mu_g^2)^R}{\partial y_i^R}$ 为结构功能函数的方差上界对区间变量的上界 y_i^R

的偏导；$\dfrac{\partial(\mu_g^3)^R}{\partial y_i^R}$ 为结构功能函数的三阶矩上界对区间变量的上界 y_i^R 的偏导；

$\dfrac{\partial(\mu_g^4)^R}{\partial y_i^R}$ 为结构功能函数的四阶矩上界对区间变量的上界 y_i^R 的偏导。

$$\frac{\partial P_f^R}{\partial y_i^L}=-\varphi(-\beta^R)\frac{\partial\beta^R}{\partial y_i^L}-\frac{1}{3!}\left[-\left((\mu_g^3)^R[(\mu_g^2)^{-\frac{3}{2}}]^R\right)\varPhi^{(4)}(-\beta^R)\frac{\partial\beta^R}{\partial y_i^L}\right]+\cdots$$

$$-\frac{1}{3!}\left[\left(\frac{\partial(\mu_g^3)^R}{\partial y_i^L}[(\mu_g^2)^{-\frac{3}{2}}]^R-\frac{3}{2}(\mu_g^3)^R[(\mu_g^2)^{-\frac{5}{2}}]^R\frac{\partial(\mu_g^2)^R}{\partial y_i^L}\right)\varPhi^{(3)}(-\beta^R)\right]+\cdots$$

$$+\frac{1}{4!}\left[\left(\frac{\partial(\mu_g^4)^R}{\partial y_i^L}[(\mu_g^2)^{-2}]^R-2(\mu_g^4)^R[(\mu_g^2)^{-3}]^R\frac{\partial(\mu_g^2)^R}{\partial y_i^L}\right)\varPhi^{(4)}(-\beta^R)\right]+\cdots$$

$$+\frac{1}{4!}\left[-\left[(\mu_g^4)^R[(\mu_g^2)^{-2}]^R-3\right]\varPhi^{(5)}(-\beta^R)\frac{\partial\beta^R}{\partial y_i^L}\right]+\cdots$$

$$+\frac{10}{6!}\left[2\left[(\mu_g^3)^R[(\mu_g^2)^{-\frac{3}{2}}]^R\right]\left(\frac{\partial(\mu_g^3)^R}{\partial y_i^L}[(\mu_g^2)^{-\frac{3}{2}}]^R\right)\varPhi^{(6)}(-\beta^R)\right]+\cdots$$

$$+\frac{10}{6!}\left[2\left[(\mu_g^3)^R[(\mu_g^2)^{-\frac{3}{2}}]^R\right]\left(-\frac{3}{2}(\mu_g^3)^R[(\mu_g^2)^{-\frac{5}{2}}]^R\frac{\partial(\mu_g^2)^R}{\partial y_i^L}\right)\varPhi^{(6)}(-\beta^R)\right]+\cdots$$

$$+\frac{10}{6!}\left[-\left[(\mu_g^3)^R[(\mu_g^2)^{-\frac{3}{2}}]^R\right]^2\varPhi^{(7)}(-\beta^R)\frac{\partial\beta^R}{\partial y_i^L}\right]-\cdots$$

$$(5\text{-}34)$$

$$\frac{\partial P_{\mathrm{f}}^{\mathrm{L}}}{\partial y_i^{\mathrm{R}}} = -\varphi(-\beta^{\mathrm{L}})\frac{\partial \beta^{\mathrm{L}}}{\partial y_i^{\mathrm{R}}} - \frac{1}{3!}\left[-\left((\mu_g^3)^{\mathrm{L}}[(\mu_g^2)^{-\frac{3}{2}}]^{\mathrm{L}}\right)\Phi^{(4)}(-\beta^{\mathrm{L}})\frac{\partial \beta^{\mathrm{L}}}{\partial y_i^{\mathrm{R}}}\right] + \cdots$$

$$-\frac{1}{3!}\left[\left(\frac{\partial (\mu_g^3)^{\mathrm{L}}}{\partial y_i^{\mathrm{R}}}[(\mu_g^2)^{-\frac{3}{2}}]^{\mathrm{L}} - \frac{3}{2}(\mu_g^3)^{\mathrm{L}}[(\mu_g^2)^{-\frac{5}{2}}]^{\mathrm{L}}\frac{\partial (\mu_g^2)^{\mathrm{L}}}{\partial y_i^{\mathrm{R}}}\right)\Phi^{(3)}(-\beta^{\mathrm{L}})\right] + \cdots$$

$$+\frac{1}{4!}\left[\left(\frac{\partial (\mu_g^4)^{\mathrm{L}}}{\partial y_i^{\mathrm{R}}}[(\mu_g^2)^{-2}]^{\mathrm{L}} - 2(\mu_g^4)^{\mathrm{L}}[(\mu_g^2)^{-3}]^{\mathrm{L}}\frac{\partial (\mu_g^2)^{\mathrm{L}}}{\partial y_i^{\mathrm{R}}}\right)\Phi^{(4)}(-\beta^{\mathrm{L}})\right] + \cdots$$

$$+\frac{1}{4!}\left[-[(\mu_g^4)^{\mathrm{L}}[(\mu_g^2)^{-2}]^{\mathrm{L}} - 3]\Phi^{(5)}(-\beta^{\mathrm{L}})\frac{\partial \beta^{\mathrm{L}}}{\partial y_i^{\mathrm{R}}}\right] + \cdots$$

$$+\frac{10}{6!}\left[2\left[(\mu_g^3)^{\mathrm{L}}[(\mu_g^2)^{-\frac{3}{2}}]^{\mathrm{L}}\right]\left(\frac{\partial (\mu_g^3)^{\mathrm{L}}}{\partial y_i^{\mathrm{R}}}[(\mu_g^2)^{-\frac{3}{2}}]^{\mathrm{L}}\right)\Phi^{(6)}(-\beta^{\mathrm{L}})\right] + \cdots$$

$$+\frac{10}{6!}\left[2\left[(\mu_g^3)^{\mathrm{L}}[(\mu_g^2)^{-\frac{3}{2}}]^{\mathrm{L}}\right]\left(-\frac{3}{2}(\mu_g^3)^{\mathrm{L}}[(\mu_g^2)^{-\frac{5}{2}}]^{\mathrm{L}}\frac{\partial (\mu_g^2)^{\mathrm{L}}}{\partial y_i^{\mathrm{R}}}\right)\Phi^{(6)}(-\beta^{\mathrm{L}})\right] + \cdots$$

$$+\frac{10}{6!}\left[-\left[(\mu_g^3)^{\mathrm{L}}[(\mu_g^2)^{-\frac{3}{2}}]^{\mathrm{L}}\right]^2\Phi^{(7)}(-\beta^{\mathrm{L}})\frac{\partial \beta^{\mathrm{L}}}{\partial y_i^{\mathrm{R}}}\right] - \cdots$$

$$（5\text{-}35）$$

$$\frac{\partial P_{\mathrm{f}}^{\mathrm{L}}}{\partial y_i^{\mathrm{L}}} = -\varphi(-\beta^{\mathrm{L}})\frac{\partial \beta^{\mathrm{L}}}{\partial y_i^{\mathrm{L}}} - \frac{1}{3!}\left[-\left((\mu_g^3)^{\mathrm{L}}[(\mu_g^2)^{-\frac{3}{2}}]^{\mathrm{L}}\right)\Phi^{(4)}(-\beta^{\mathrm{L}})\frac{\partial \beta^{\mathrm{L}}}{\partial y_i^{\mathrm{L}}}\right] + \cdots$$

$$-\frac{1}{3!}\left[\left(\frac{\partial (\mu_g^3)^{\mathrm{L}}}{\partial y_i^{\mathrm{L}}}[(\mu_g^2)^{-\frac{3}{2}}]^{\mathrm{L}} - \frac{3}{2}(\mu_g^3)^{\mathrm{L}}[(\mu_g^2)^{-\frac{5}{2}}]^{\mathrm{L}}\frac{\partial (\mu_g^2)^{\mathrm{L}}}{\partial y_i^{\mathrm{L}}}\right)\Phi^{(3)}(-\beta^{\mathrm{L}})\right] + \cdots$$

$$+\frac{1}{4!}\left[\left(\frac{\partial (\mu_g^4)^{\mathrm{L}}}{\partial y_i^{\mathrm{L}}}[(\mu_g^2)^{-2}]^{\mathrm{L}} - 2(\mu_g^4)^{\mathrm{L}}[(\mu_g^2)^{-3}]^{\mathrm{L}}\frac{\partial (\mu_g^2)^{\mathrm{L}}}{\partial y_i^{\mathrm{L}}}\right)\Phi^{(4)}(-\beta^{\mathrm{L}})\right] + \cdots$$

$$+\frac{1}{4!}\left[-\left[(\mu_g^4)^{\mathrm{L}}[(\mu_g^2)^{-2}]^{\mathrm{L}} - 3\right]\Phi^{(5)}(-\beta^{\mathrm{L}})\frac{\partial \beta^{\mathrm{L}}}{\partial y_i^{\mathrm{L}}}\right] + \cdots$$

$$+\frac{10}{6!}\left[2\left[(\mu_g^3)^{\mathrm{L}}[(\mu_g^2)^{-\frac{3}{2}}]^{\mathrm{L}}\right]\left(\frac{\partial (\mu_g^3)^{\mathrm{L}}}{\partial y_i^{\mathrm{L}}}[(\mu_g^2)^{-\frac{3}{2}}]^{\mathrm{L}}\right)\Phi^{(6)}(-\beta^{\mathrm{L}})\right] + \cdots$$

$$+\frac{10}{6!}\left[2\left[(\mu_g^3)^{\mathrm{L}}[(\mu_g^2)^{-\frac{3}{2}}]^{\mathrm{L}}\right]\left(-\frac{3}{2}(\mu_g^3)^{\mathrm{L}}[(\mu_g^2)^{-\frac{5}{2}}]^{\mathrm{L}}\frac{\partial (\mu_g^2)^{\mathrm{L}}}{\partial y_i^{\mathrm{L}}}\right)\Phi^{(6)}(-\beta^{\mathrm{L}})\right] + \cdots$$

$$+\frac{10}{6!}\left[-\left[(\mu_g^3)^{\mathrm{L}}[(\mu_g^2)^{-\frac{3}{2}}]^{\mathrm{L}}\right]^2\Phi^{(7)}(-\beta^{\mathrm{L}})\frac{\partial \beta^{\mathrm{L}}}{\partial y_i^{\mathrm{L}}}\right] - \cdots$$

$$（5\text{-}36）$$

5.3　数值算例

（1）算例1

假设含有混合不确定性变量的结构功能函数的表达式如下所示：

$$g(\boldsymbol{x}, \boldsymbol{y}^{\mathrm{I}}) = 2x_1^2 - 3x_2 x_3 + x_1 x_3 + x_2 y - 11 \tag{5-37}$$

上式中各随机变量彼此相互独立，y 为区间变量；上述各不确定性参数的统计特征见表 5-1，算例 1 中失效概率对于随机变量的灵敏度计算结果见表 5-2 至表 5-4；失效概率对于区间变量的灵敏度计算结果见表 5-5。

表 5-1　不确定性参数统计表

不确定量	参数1	参数2	分布类型
x_1	4.8	0.04	正态分布
x_2	3.2	0.03	正态分布
x_3	5.04	0.1	正态分布
y	1.5	1.65	区间变量

注：在随机变量中，参数 1 为均值，参数 2 为变异系数；在区间变量中，参数 1 为变量下界，参数 2 为变量上界。

表 5-2　算例 1 的失效概率对随机变量 x_1 的灵敏度计算结果

方法	$\partial P_{\mathrm{f}}/\partial \mu_{x_1}$	相对误差/%	$\partial P_{\mathrm{f}}/\partial \sigma_{x_1}$	相对误差/%
MCS	[−0.024 8，−0.018 6]	—	[0.045 9，0.064 6]	—
本章方法	[−0.024 3，−0.018 5]	[2.02，0.54]	[0.046 9，0.063 1]	[2.18，2.32]

表 5-3　算例 1 的失效概率对随机变量 x_2 的灵敏度计算结果

方法	$\partial P_{\mathrm{f}}/\partial \mu_{x_2}$	相对误差/%	$\partial P_{\mathrm{f}}/\partial \sigma_{x_2}$	相对误差/%
MCS	[0.012 9，0.016 8]	—	[0.010 5，0.015 3]	—
本章方法	[0.012 6，0.016 4]	[2.33，2.38]	[0.010 1，0.014 7]	[3.81，3.92]

表 5-4　算例 1 的失效概率对随机变量 x_3 的灵敏度计算结果

方法	$\partial P_f / \partial \mu_{x_3}$	相对误差/%	$\partial P_f / \partial \sigma_{x_3}$	相对误差/%
MCS	[0.004 3，0.005 9]	—	[0.006 8，0.008 7]	—
本章方法	[0.004 4，0.006 0]	[2.33，1.69]	[0.006 5，0.008 3]	[4.41，4.60]

表 5-5　算例 1 的失效概率对区间变量 y 的灵敏度计算结果

	MCS	本章方法	相对误差/%
$\partial \delta_p / \partial \delta_i$	0.021 9	0.022 9	4.566 2
$\partial P_f^c / \partial \delta_i$	0.062 8	0.062 9	0.159 2
$\partial \delta_p / \partial y_i^c$	−0.251 2	−0.251 9	0.278 7
$\partial P_f^c / \partial y_i^c$	−0.021 9	−0.022 9	4.566 2

（2）算例 2

假设含混合不确定性变量的结构功能函数的表达式如下所示：

$$g(\boldsymbol{x}, \boldsymbol{y}^{\mathrm{I}}) = 3x_1^2 - 3x_1 x_2 + x_3 y_1 + x_2 y_2 - x_2 x_3^2 - 10 \qquad (5\text{-}38)$$

上式中各随机变量彼此相互独立；y 为区间变量；上述各不确定参数的统计特征见表 5-6，算例 2 中失效概率对于随机变量的灵敏度计算结果见表 5-7 至表 5-9；失效概率对于区间变量的灵敏度计算结果见表 5-10 和表 5-11。

表 5-6　不确定性参数统计表

不确定量	参数 1	参数 2	分布类型
x_1	10.5	0.01	正态分布
x_2	3.6	0.02	正态分布
x_3	7.2	0.03	正态分布
y_1	1.6	1.63	区间变量
y_2	2.5	2.53	区间变量

　　注：在随机变量中，参数 1 为均值，参数 2 为变异系数；在区间变量中，参数 1 为变量下界，参数 2 为变量上界。

表 5-7　算例 2 的失效概率对随机变量 x_1 的灵敏度计算结果

方法	$\partial P_f/\partial\mu_{x_1}$	相对误差/%	$\partial P_f/\partial\sigma_{x_1}$	相对误差/%
MCS	$[-0.017\,3,\ -0.018\,4]$	—	$[0.022\,6,\ 0.025\,6]$	—
本章方法	$[-0.016\,9,\ -0.018\,1]$	$[2.31,\ 1.63]$	$[0.021\,6,\ 0.024\,7]$	$[4.42,\ 3.52]$

表 5-8　算例 2 的失效概率对随机变量 x_2 的灵敏度计算结果

方法	$\partial P_f/\partial\mu_{x_2}$	相对误差/%	$\partial P_f/\partial\sigma_{x_2}$	相对误差/%
MCS	$[0.029\,5,\ 0.031\,4]$	—	$[0.039\,9,\ 0.045\,3]$	—
本章方法	$[0.029\,3,\ 0.031\,0]$	$[0.68,\ 1.27]$	$[0.038\,9,\ 0.044\,8]$	$[2.51,\ 1.10]$

表 5-9　算例 2 的失效概率对随机变量 x_3 的灵敏度计算结果

方法	$\partial P_f/\partial\mu_{x_3}$	相对误差/%	$\partial P_f/\partial\sigma_{x_3}$	相对误差/%
MCS	$[0.018\,6,\ 0.020\,2]$	—	$[0.042\,8,\ 0.047\,6]$	—
本章方法	$[0.018\,4,\ 0.020\,0]$	$[1.08,\ 0.99]$	$[0.042\,3,\ 0.047\,0]$	$[1.17,\ 1.26]$

表 5-10　算例 2 的失效概率对区间变量 y_1 的灵敏度计算结果

	MCS	本章方法	相对误差/%
$\partial\delta_p/\partial\delta_i$	0.002 68	0.002 69	0.373 1
$\partial P_f^c/\partial\delta_i$	4.45×10^{-5}	4.25×10^{-5}	4.494 4
$\partial\delta_p/\partial y_i^c$	$-0.251\,2$	$-0.251\,9$	0.278 7
$\partial P_f^c/\partial y_i^c$	$-0.021\,9$	$-0.022\,9$	4.566 2

表 5-11　算例 2 的失效概率对区间变量 y_2 的灵敏度计算结果

	MCS	本章方法	相对误差/%
$\partial\delta_p/\partial\delta_i$	0.001 28	0.001 29	0.781 2
$\partial P_f^c/\partial\delta_i$	2.24×10^{-5}	2.25×10^{-5}	0.446 4
$\partial\delta_p/\partial y_i^c$	-8.80×10^{-5}	-9.00×10^{-5}	2.272 7
$\partial P_f^c/\partial y_i^c$	$-0.001\,28$	$-0.001\,29$	0.781 2

（3）算例 3

假设含混合不确定性变量的结构功能函数的表达式如下所示：

$$g(\boldsymbol{x}, \boldsymbol{y}^{\mathrm{I}}) = 1\,000x_1 y - 7.51x_1 x_2 - 0.5x_2^2 - 940 \qquad (5\text{-}39)$$

上式中各随机变量彼此相互独立；y 为区间变量；上述各不确定参数的统计特征见表 5-12，算例 3 的失效概率对于随机变量的灵敏度计算结果见表 5-13 与表 5-14；结构功能函数失效概率对于区间变量的灵敏度计算结果见表 5-15。

表 5-12   不确定性参数统计表

不确定量	参数 1	参数 2	分布类型
x_1	1.1	0.09	正态分布
x_2	45	0.17	正态分布
y	2.52	2.68	区间变量

注：在随机变量中，参数 1 为均值，参数 2 为变异系数；在区间变量中，参数 1 为变量下界，参数 2 为变量上界。

表 5-13   算例 3 的失效概率对随机变量 x_1 的灵敏度计算结果

方法	$\partial P_{\mathrm{f}} / \partial \mu_{x_1}$	相对误差/%	$\partial P_{\mathrm{f}} / \partial \sigma_{x_1}$	相对误差/%
MCS	[− 0.806 3, − 1.117 4]	—	[0.526 1, 0.544 0]	—
本章方法	[− 0.806 9, − 1.116 7]	[0.07, 0.06]	[0.525 2, 0.543 6]	[0.17, 0.07]

表 5-14   算例 3 的失效概率对随机变量 x_2 的灵敏度计算结果

方法	$\partial P_{\mathrm{f}} / \partial \mu_{x_2}$	相对误差/%	$\partial P_{\mathrm{f}} / \partial \sigma_{x_2}$	相对误差/%
MCS	[0.021 4, 0.031 4]	—	[0.023 8, 0.026 8]	—
本章方法	[0.021 7, 0.031 6]	[1.40, 0.64]	[0.023 1, 0.027 5]	[2.94, 2.61]

表 5-15   算例 3 的失效概率对区间变量 y 的灵敏度计算结果

	MCS	本章方法	相对误差/%
$\partial \delta_p / \partial \delta_i$	0.461 5	0.461 0	0.108 3
$\partial P_{\mathrm{f}}^c / \partial \delta_i$	0.047 2	0.047 1	0.211 9
$\partial \delta_p / \partial y_i^c$	− 0.188 9	− 0.188 7	0.105 9
$\partial P_{\mathrm{f}}^c / \partial y_i^c$	− 0.461 5	− 0.461 0	0.108 3

（4）算例4

螺栓是配用螺母的圆柱形带螺纹的紧固件。由头部和螺杆两部分组成，需要与螺母互相配合使用，用于紧固连接两个带有通孔的零件，这种连接形式称螺栓连接，其结构如图 5-1 所示。螺栓连接通常属于可拆卸连接。螺栓连接的设计是紧固件进行可靠性设计分析的要点之一。圆形螺栓以应力状态表示的结构功能函数的表达式如下式所示：

$$g(\boldsymbol{x}, \boldsymbol{y}^{\mathrm{I}}) = y - \frac{4p}{n\pi d^2} \qquad (5\text{-}40)$$

上式中各随机变量彼此相互独立；y 为区间变量；$n=1$ 为剪切面数。上述各不确定参数的统计特征见表 5-16，算例 4 计算螺栓的灵敏度，其中失效概率对于随机变量的灵敏度计算结果见表 5-17 与表 5-18；失效概率对于区间变量的可靠性灵敏度计算结果见表 5-19。

表5-16 不确定性参数统计表

不确定量	参数1	参数2	分布类型
p / N	2.1×10^4	0.1	正态分布
d / mm	13	0.11	正态分布
y / MPa	120	140	区间变量

注：在随机变量中，参数 1 为均值，参数 2 为变异系数；在区间变量中，参数 1 为变量下界，参数 2 为变量上界。

表5-17 算例4的失效概率对随机变量 p 的灵敏度计算结果

方法	$\partial P_\mathrm{f} / \partial \mu_p$ （10^{-6}）	相对误差/%	$\partial P_\mathrm{f} / \partial \sigma_p$ （10^{-6}）	相对误差/%
MCS	$[9.467\,3,\ 9.604\,8]$	—	$[5.443\,2,\ 6.599\,7]$	—
本章方法	$[9.445\,9,\ 9.595\,9]$	$[4.58,\ 1.47]$	$[5.451\,2,\ 6.592\,7]$	$[1.81,\ 1.17]$

表5-18 算例4的失效概率对随机变量 d 的灵敏度计算结果

方法	$\partial P_\mathrm{f} / \partial \mu_d$	相对误差/%	$\partial P_\mathrm{f} / \partial \sigma_d$	相对误差/%
MCS	$[-0.042\,5,\ -0.041\,2]$	—	$[0.078\,6,\ 0101\,3]$	—
本章方法	$[-0.040\,7,\ -0.042\,2]$	$[4.24,\ 2.43]$	$[0.080\,2,\ 0.100\,3]$	$[2.04,\ 0.99]$

表 5-19　算例 4 的失效概率对区间变量 y 的灵敏度计算结果

	MCS	本章方法	相对误差/%
$\partial \delta_p / \partial \delta_i$	0.001 63	0.001 61	1.226 9
$\partial P_f^c / \partial \delta_i$	$8.498\ 8 \times 10^{-5}$	$8.500\ 0 \times 10^{-5}$	0.014 1
$\partial \delta_p / \partial y_i^c$	$-0.000\ 33$	$-0.000\ 34$	3.030 3
$\partial P_f^c / \partial y_i^c$	$-0.001\ 63$	$-0.001\ 61$	1.226 9

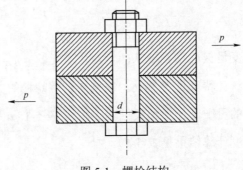

图 5-1　螺栓结构

从表中可看出，正的灵敏度值表明随着变量值的增加，结构的失效概率也会随之提高；负的灵敏度值意味着随着变量值的不断减小，结构的失效概率也随之降低。通过上述算例，以 MCS 方法作为准确解，将本章方法关于失效概率对于基本随机向量中的均值与标准差的计算结果与 MCS 方法的计算结果分别列于表中进行对比，从表中的结果中不难发现，本章方法的结果比较接近于 MCS 方法。充分表明本章所提混合不确定性变量的结构可靠性灵敏度分析模型的正确性。

5.4　本章小结

工程实际中进行结构可靠性灵敏度分析是非常有必要的。通过灵敏度分析的结果，可区分在影响结构失效的众多不确定因素中，各因素分别起到作用的大小，可从得到的可靠性灵敏度分析数值，判断各不确定性参数所提供的数据是否合理；如果计算得到数值较大，可酌情判断影响结构失效不确定参数的样本数据，是否需要更为精确，才能满足工程对于精度的要求；相反，如果对于引起结构失效的灵敏度数值较小，通常可以采用固定值的形式进行处理。可见，可靠性灵敏度分析，不但是结构可靠性分析的重要组成部分，同样对于结构设计制造、可靠性优化与校验等方面也是十分重要的。

　　本章在第 3 章研究含主客观混合不确定性变量的结构可靠性分析的基础上，进一步讨论了含混合不确定性变量的结构可靠性灵敏度分析。本章所给出的含混合不确定性变量的结构可靠性灵敏度分析的计算方法是比较实用且有效的一种数值方法，为含混合不确定性变量的复杂结构可靠性灵敏度研究，提供了一种新的思路。通过算例也充分表明本章所提方法的正确性。

第6章
结论和展望

6.1　本书的主要工作和结论

可靠性理论与方法是一门多学科交叉的新兴边缘性学科，涉及基础科学、技术科学等多个领域。随着产品和技术的发展，都要以可靠性理论为基础，可靠性作为重要指标之一来衡量商品质量与技术开发等领域。

本书综述了国内外概率可靠性分析、含主客观混合不确定性变量结构可靠性分析、混合不确定性变量的结构系统可靠性理论以及混合不确定性变量的灵敏度分析的研究方法。本书运用降维算法大大降低了直接进行统计矩高维积分运算的工作量，结合变量转换与 Gauss-Hermite 积分方法，简化了一维函数统计矩的计算，将降维算法、Edgeworth 级数等技术与结构可靠性理论相结合，应用于结构概率可靠性分析、混合不确定性变量并存的结构可靠性分析、混合不确定性变量并存的结构系统可靠性分析以及混合不确定性变量并存的结构可靠性灵敏度分析当中，为结构可靠性分析提供了另一种新思路与有效的方法。

本书的主要工作和结论有：

① 介绍了关于结构可靠性的研究背景与意义以及研究现状，并对概率可靠性理论、模糊可靠性理论、结构非概率可靠性理论、系统可靠性理论、可

靠性灵敏度进行了回顾与分析。

② 提出了基于降维算法的概率可靠性分析模型,建立了一种新的求解结构的失效概率方法。运用降维算法,将 n 维结构功能函数转化为由 n 个一维函数有限加和的形式,并借助于变量转化思想,将其中的随机变量转化为服从均值为 0,方差为 0.5 的正态分布变量;再结合 Gauss-Hermite 积分方法,求解降维后的各一维函数的各阶原点矩,从而获得结构功能函数的中心矩信息;利用 Edgeworth 级数拟合结构功能函数的概率密度函数与累积分布函数,最后通过计算得到结构功能函数的失效概率。降维算法无须迭代求解最可能失效点,无须对功能函数进行梯度运算,同时也大大降低了对统计矩积分运算的工作量。

③ 提出了主客观混合不确定性分析的统一模型(含有随机–区间–模糊变量的结构可靠性分析模型)。考虑概率与非概率可靠性并存的情形,针对含有主客观混合不确定性变量的复杂结构,本书研究主客观混合不确定性变量间相互独立的情况。首先,针对模糊变量,借助于截集技术,将模糊变量有效的转化为水平截集下的区间变量,继而将含有主客观混合不确定性变量的复杂结构可靠性分析问题简化为在相对应的水平截集下的含有随机–区间变量的结构可靠性分析问题。通过算例结果可证明在工程实践中该模型适应性较强,且该模型大大降低了计算工作量,也简化了求解统计矩的积分运算。

④ 提出了基于降维算法的混合不确定性变量的结构系统可靠性分析模型。首先,计算结构系统中的所有结构功能函数的失效概率;其次,求解各个功能函数间的相关系数,并推导出系统中任意两个相关系数区间计算公式;建立了混合概率网络估算技术的计算结构系统失效概率模型,并将所得结果与 MCS 方法以及界限法进行比较。通过数值算例结果表明,本书所提模型,方法简单且在工程实践中也有较强的应用性。

⑤ 在研究主客观混合不确定性分析模型的基础上,提出了与之相对应的结构可靠性灵敏度分析模型。在建立含随机–区间变量的结构可靠性分析模

型的基础上，推导了 n 个一维函数原点矩区间与结构功能函数原点矩区间对基本随机变量的均值与标准差的灵敏度区间表达式；推导了结构功能函数的前四阶中心矩区间对基本随机变量的均值与标准差的灵敏度区间；推导了灵敏度区间计算结果作为系数代入到结构功能函数失效概率区间对随机变量的均值与标准差的灵敏度区间表达式，从而获得含有随机-区间混合不确定性变量的复杂结构功能函数失效概率区间对基本随机变量的均值与标准差的灵敏度区间。通过数值算例结果表明，验证了本书所提模型的正确性。

6.2　本书创新点

① 基于降维算法，建立了结构概率可靠性分析模型。首先，通过降维算法将结构功能函数由 n 维转化为由 n 个一维函数有限加和的形式；再通过变量转换思想，将函数中的随机变量转化为正态变量；再结合 Gauss-Hermite 积分计算结构功能函数的矩信息；再与 Edgeworth 级数相结合，最终获得结构功能函数的失效概率。该模型通过数值算例表明，所提算法实现简单且计算工作量小，同时也证明了所提模型的正确性与高效性。

② 基于降维算法，建立了主客观混合不确定性变量的结构可靠性分析的统一模型。借助于截集技术，有效地实现了模糊变量转化为相对应的水平截集下的区间变量。运用泰勒展开方法，可获得结构功能函数上下界表达式，从而避免了由直接进行区间运算带来的区间扩张问题；该模型既适用于随机-模糊-区间变量共存的结构可靠性分析问题，也同样适用于结构中含有随机-区间变量与随机-模糊变量的可靠性分析问题。算例结果表明该模型具有较高的计算精度与较好的适用性，为含有主客观混合不确定性变量的复杂结构可靠性分析提供了新思路与新途径。

③ 基于降维算法，建立了同时含有随机不确定变量与区间不确定变量的结构系统可靠性分析模型。在计算出各失效模式的失效概率区间的基础上，

运用泰勒展开方法，推导出各失效模式间的相关系数表达式，从而得到相关系数区间；提出了一种混合概率网络估算方法，进而获得最终结构系统失效概率区间。通过算例充分验证了所提模型的准确性，说明了该模型程序实现简单，适用性较为广泛。

④ 基于降维算法，提出了同时含有随机不确定变量与区间不确定变量的结构可靠性灵敏度分析模型。结合统计矩方法，推导出降维后 n 个一维函数的原点矩区间与结构功能函数的统计矩区间表达式；进而计算统计矩信息对基本随机变量的均值与标准差的灵敏度区间，从而获得结构功能函数前四阶中心矩的灵敏度区间；并且推导了结构功能函数失效概率区间对基本随机变量的均值与标准差的灵敏度区间表达式。该模型的提出为结构可靠性灵敏度分析的深入挖掘与研究，提供了一种新的思路与依据。

6.3 展　望

结构失效概率是结构可靠性分析中的重要指标之一。本书所提的算法均是基于相关学者的研究成果而重新进行分析探索得出的。结构可靠性研究是一门学科交叉综合性问题的研究，它涉及数理统计、矩阵论、概率论、模糊数学、区间理论、有限元理论等。本书也只是针对个别问题进行了初步的探索。因此，针对于上述内容的研究工作还有待于进一步深入探索。

① 主客观混合不确定性变量的结构系统可靠性分析模型研究。对于结构含有主客观混合不确定性变量的结构可靠性分析问题，本书仅考虑变量间相互独立的情形，将研究深入到各变量间具有相关性的复杂结构系统可靠性问题的研究。目前也没有形成结构系统可靠性分析的通用程序，有待于进一步开发完善。

② 含有混合不确定性变量的结构可靠性优化设计问题的深入探索。随着结构优化设计的深入，考虑含有混合不确定性变量共存的情况对结构进行优

化设计，考虑如何建立含有混合不确定性变量的结构可靠性设计分析问题的模型。

③ 考虑将本书提出的基于降维算法的结构可靠性分析模型与结构系统可靠性分析模型，结合多目标优化等理论，如何将模型应用到复合材料结构中需要进一步探究。

④ 本书在第四章中通过泰勒展开方法推导了各失效模式间的相关系数表达式，只解决了各相关变量彼此相互独立的情况，对于各相关变量间相关的情况尚未解决；本书在第五章中只解决了结构失效概率区间对于随机向量中的彼此相互独立的随机变量的均值与标准差的灵敏度区间，尚未解决随机变量相关时的结构灵敏度分析。因此对于继续这方面的深入探索是十分重要的。

参考文献

［1］王光远. 论不确定性结构力学的发展［J］. 力学进展，2002，32（2）：205-211.

［2］王光远. 未确知信息及其数学处理［J］. 哈尔滨建筑工程学院学报，1990，23（4）：1-9.

［3］贡金鑫，仲伟秋，赵国藩. 工程结构可靠性基本理论的发展与应用（1）［J］. 建筑结构学报，2002，23（4）：2-9.

［4］贡金鑫，仲伟秋，赵国藩. 工程结构可靠性基本理论的发展与应用（2）［J］. 建筑结构学报，2002，23（5）：2-10.

［5］贡金鑫，仲伟秋，赵国藩. 工程结构可靠性基本理论的发展与应用（3）［J］. 建筑结构学报，2002，23（6）：2-9.

［6］贡金鑫. 工程结构可靠度计算方法［M］. 大连：大连理工大学出版社，2003.

［7］武清玺. 结构可靠性分析及随机有限元法［M］. 北京：机械工业出版社，2005.

［8］刘混举，赵河明，王春燕. 机械可靠性设计［M］. 北京：国防工业出版社，2011.

［9］Freudenthal A M. Safety of structures［J］. Transaction ASCE, 1947, 112(1): 125-180.

［10］Cornell C A. A probability based structural code［J］. ACI Journal of the

American Concrete Institute, 1969, 66(12): 974-985.

［11］Hasofer A M, Lind N C. Exact and invariant second-moment code format ［J］. Journal of the Engineering Mechanics, ASCE, 1974, 100(l): 111-121.

［12］Rackwitz R, Fiessler B. Structural reliability under combined random load sequences ［J］. Computers and Structures, 1978, 9(5): 489-494.

［13］Masanobu S. Basic analysis of structural safety ［J］. Journal of Structural Engineering, 1983, 109(3): 721-740.

［14］贡金鑫. 结构可靠指标求解的一种新的迭代方法 ［J］. 计算结构力学及其应用，1995，12（3）：369-373.

［15］贡金鑫，仲伟秋，赵国藩. 结构可靠指标计算的通用方法 ［J］. 计算力学学报，2003，20（1）：12-18.

［16］Liu P L, Kiureghian A D. Optimization algorithms for structural reliability ［J］. Structural Safety, 1991, 9(3): 161-177.

［17］Grippo L, Lampariello, Francesco, et al. Vector performance criteria in the convergence analysis of optimization algorithms ［J］. Optimization Methods and Software, 1994, 3(1-3): 77-92.

［18］Hohenbichler M, Rackwitz R. Non-normal dependent vectors in structural reliability ［J］. Journal of Engineering Mechanics, ASCE, 1981, 107(6): 1227-1238.

［19］Fiessler B, Rackwitz R, Neumann H J. Quadratic limit states in structural reliability ［J］. Journal of the Engineering Mechanics Division, 1979, 105(4): 661-676.

［20］Breitung K. Asymptotic approximations for multinormal integrals ［J］. Journal of Engineering Mechanics, 1984, 110(3): 357-366.

［21］Wong F S. Slope reliability and response surface method ［J］. Journal of Geotechnical Engineering, 1985, 111(1): 32-53.

［22］ Faravelli L. A response surface approach for reliability analysis ［J］. Journal of Engineering Mechanics, 1989, 115(12): 2763-2781.

［23］ Kankar P K, Sharma S C, Harsha S P. Fault diagnosis of high speed rolling element bearings due to localized defects using response surface method ［J］. Journal of Dynamic Systems, Measurement and Control, Transactions of the ASME, 2011, 133(3): 1-14.

［24］ Basaga H B, Bayraktar A, Kaymaz I. An improved response surface method for reliability analysis of structures［J］. Structural Engineering and Mechanics, 2012, 42(2): 175-189.

［25］ Gupta S, Manohar C S. An improved response surface method for the determination of failure probability and importance measures［J］. Structural Safety, 2004, 26(2): 123-139.

［26］ Yao T H J, Wen Y K. Response surface method for time-variant reliability analysis ［J］. Journal of Structural Engineering, 1996, 122(2): 193-201.

［27］ Gavin H P, Yau S C. High-order limit state functions in the response surface method for structural reliability analysis ［J］. Structural Safety, 2008, 30(2): 162-179.

［28］ Rajashekhar M R, Ellingwood B R. A new look at the response surface approach for reliability analysis ［J］. Structural Safety, 1993, 12(3): 205-220.

［29］ 阎宏生，胡云昌，牛勇. 基于神经网络响应面的结构可靠性分析方法研究 ［J］. 海洋工程，2002，20（2）：1-6.

［30］ 孟广伟，李广博，李锋，等. 多项式基函数神经网络的结构可靠性分析 ［J］. 北京航空航天大学学报，2013，39（11）：1460-1463.

［31］ Li G B, Meng G W, Li F, et al. A New Response Surface Method for Structural Reliability Analysis ［J］. Advanced Materials Research, 2013,

712: 1506-1509.

［32］张哲，李生勇，滕启杰. 一种改进的结构可靠度分析中响应面法［J］. 大连理工大学学报，2007，47（1）：57-60.

［33］谭晓慧，王建国，刘新荣. 改进的响应面法及其在可靠度分析中的应用［J］. 岩石力学与工程学报，2005，2（24）：5874-5879.

［34］Rubinstein RY. Simulation and the Monte Carlo method［M］. New York: John Wiley & Sons, 1981.

［35］Lataillade A D, Blanco S, Clergent Y, et al. Monte Carlo method and sensitivity estimations［J］. Journal of Quantitative Spectroscopy & Radiative Transfer, 2002, 75(5): 529-538.

［36］Melchers R E, Ahammed M. A fast approximate method for parameter sensitivity estimation in Monte Carlo structural reliability［J］. Computers and Structures, 2004, 82(1): 55-61.

［37］金伟良. 结构可靠度数值模拟的新方法［J］. 建筑结构学报，1996，17（3）：63-72.

［38］贡金鑫，赵国藩. 结构体系可靠度分析中的最小方差抽样［J］. 工程力学，1997，14（3）：245-2552.

［39］Bucher C G. Adaptive sampling an iterative fast Monte Carlo procedure［J］. Structural Safety, 1988, 5(2): 119-126.

［40］Melchers R E. Importance sampling in structural system［J］. Structural Safety, 1989, 6(1): 3-10.

［41］Melchers R E. Search-based importance sampling［J］. Structural Safety, 1990, 9(2): 117-128.

［42］Hohenbichler M, Rackwitz R. Improvement of second-order reliability estimations by importance sampling［J］. Journal of Engineering Mechanics, ASCE, 1988, 114(12): 2195-2199.

［43］ Melchers R E. Radial importance sampling for structural reliability ［J］. Journal of Engineering Mechanics, ASCE, 1990, 116(1): 189-203.

［44］ 贡金鑫，何世钦，赵国藩. 结构可靠度模拟的方向重要抽样法［J］. 计算力学学报，2003，20（6）：655-661.

［45］ Maes M A, Breitung K, Dupuis D J. Asymptotic importance sampling ［J］. Structural Safety, 1993, 12(3): 167-186.

［46］ Bjerager P. Probability integration by directional simulation［J］. Journal of Engineering Mechanics, 1988, 114(8): 1285-1302.

［47］ Melchers R E. Radial importance sampling for structural reliability ［J］. Journal of Engineering Mechanics, 1990, 116(1): 189-203.

［48］ Ditlevsen O, Melchers R E, Gluver H. General multi-dimensional probability integration by directional simulation ［J］. Computers & Structures, 1990, 36(2): 355-368.

［49］ Rubinstein R Y, Kroese D P. Simulation and the Monte Carlo method ［M］. John Wiley & Sons, 2016.

［50］ Augusti G, Baratta A, Casciati F. Probabilistic methods in structural engineering ［M］. CRC Press, 1984.

［51］ 黄洪钟，孙占全，郭东明，等. 随机应力模糊强度时模糊可靠性的计算理论［J］. 机械强度，2001，23（3）：305-307.

［52］ Wood K L, Antonsson E K, Beck J L. Representing imprecision in engineering design: comparing fuzzy and probability calculus ［J］. Research in Engineering Design, 1990, 1(3-4): 187-203.

［53］ Bernardini A, Gori R, Modena C. Fuzzy measures in the knowledge based diagnosis of seismic vulnerability of masonry buildings ［C］//Probabilistic Mechanics and Structural and Geotechnical Reliability: ASCE, 1992: 25-28.

［54］ 朱增青，梁震涛，陈建军. Unascertained Factor Method of Dynamic Characteristic Analysis for Antenna Structures ［J］. 兵工学报：英文版，2008，4（3）：167-172.

［55］ Liang Z, Chen J, Gao W, et al. Reliability allocation of large spaceborne antenna deployment mechanism system using unascertained method ［C］// Systems and Control in Aerospace and Astronautics, 2006. ISSCAA 2006. 1st International Symposium on. IEEE, 2006: 6-1103.

［56］ Zadeh L A. Fuzzy sets ［J］. Information and control, 1965, 8(3): 338-353.

［57］ 黄洪钟. 关于机械系统的模糊－随机可靠性理论的研究 ［J］. 机械科学与技术，1992（1）：6-11.

［58］ 黄洪钟，孙占全，郭东明，等. 随机应力模糊强度时模糊可靠性的计算理论 ［J］. 机械强度，2001，23（3）：305-307.

［59］ 董玉革，陈心昭，赵显德，等. 模糊可靠性计算的一种方法 ［J］. 机械科学与技术，2003，22（1）：15-17.

［60］ 雷震宇，陈虬. 模糊结构有限元分析的一种新方法 ［J］. 工程力学，2001，18（6）：47-53.

［61］ Chakraborty S, Sam P C. Probabilistic safety analysis of structures under hybrid uncertainty ［J］. International Journal for Numerical Methods in Engineering, 2007, 70(4): 405-422.

［62］ 赵彦，张新锋，施浒立. 模糊随机混合不确定性结构系统可靠度计算 ［J］. 机械强度，2008，30（1）：72-77.

［63］ Kaufmann A. Introduction to the theory of fuzzy subsets ［M］. New York: Academic Press, 1975.

［64］ Ferrari P, Savoia M. Fuzzy number theory to obtain conservative results with respect to probability ［J］. Computer Methods in Applied Mechanics and Engineering, 1998, 160(3-4): 205-222.

［65］ Cai K Y, Wen C Y, Zhang M L. Fuzzy states as a basis for a theory of fuzzy reliability ［J］. Microelectronics Reliability, 1993, 33(15): 2253-2263.

［66］ Kai-Yuan C, Chuan-Yuan W, Ming-Lian Z. Fuzzy variables as a basis for a theory of fuzzy reliability in the possibility context ［J］. Fuzzy Sets and Systems, 1991, 42(2): 145-172.

［67］ Cai K Y. System failure engineering and fuzzy methodology an introductory overview ［J］. Fuzzy sets and systems, 1996, 83(2): 113-133.

［68］ Brown C B. A fuzzy safety measure ［J］. Journal of the Engineering Mechanics Division, 1979, 105(5): 855-872.

［69］ Wu H C. The fuzzy estimators of fuzzy parameters based on fuzzy random variables ［J］. European Journal of Operational Research, 2003, 146(1): 101-114.

［70］ Wu H C. Fuzzy Bayesian system reliability assessment under fuzzy environments ［J］. Reliability Engineering and System Safety, 2004, 83(3): 277-286.

［71］ Wu H C. Fuzzy Bayesian system reliability assessment based on exponential distribution ［J］. Applied Mathematical Modelling, 2006, 30(6): 509-530.

［72］ 吕震宙，岳珠峰. 模糊随机可靠性分析的统一模型 ［J］. 力学学报，2004，36（5）：533-539.

［73］ 王光远，王文泉. 抗震结构的模糊可靠性分析 ［J］. 力学学报，1986，18（5）：448-455.

［74］ Tzan S R, Pantelides C P. Convex models for impulsive response of structures ［J］. Journal of Engineering Mechanics, 1996, 122(6): 521-529.

［75］ Lindberg H E. Convex models for uncertain imperfection control in multimode dynamic buckling ［J］. Transactions of the American Society of

Mechanical Engineers: Journal of Applied Mechanics, 1992, 59: 937-945.

[76] Ben-Haim Y, Elishakoff I. Convex models of uncertainties in applied mechanics [J]. Elsevier Science Publisher, Amsterdam, 1990.

[77] Ben-Haim Y. Convex Modes for Uncertainty in Radial Pulse Buckling of Shells [J]. Journal of Applied Mechanics, 1993, 60: 683-683.

[78] Elishakoff I, Elisseeff P, Glegg S A L. Nonprobabilistic, convex-theoretic modeling of scatter in material properties [J]. AIAA journal, 1994, 32(4): 843-849.

[79] Ben-Haim Y. A non-probabilistic concept of reliability [J]. Structural Safety, 1994, 14(4): 227-245.

[80] Elishakoff I. Discussion on a non-probabilistic concept of reliability [J]. Structural Safety, 1995, 17(3): 195-199.

[81] Pantelides C P, Ganzerli S. Design of trusses under uncertain loads using convex models [J]. Journal of Structural Engineering, 1998, 124(3): 318-329.

[82] Ganzerli S, Pantelides C P. Load and resistance convex models for optimum design [J]. Structural optimization, 1999, 17(4): 259-268.

[83] Ganzerli S, Pantelides C P. Optimum structural design via convex model superposition [J]. Computers & Structures, 2000, 74(6): 639-647.

[84] 郭书祥, 吕震宙, 冯元生. 基于区间分析的结构非概率可靠性模型 [J]. 计算力学学报, 2001, 18（1）: 56-60.

[85] 郭书祥, 吕震宙. 结构体系的非概率可靠性分析方法 [J]. 计算力学学报, 2002, 19（3）: 332-335.

[86] 郭书祥, 张陵, 李颖. 结构非概率可靠性指标的求解方法 [J]. 计算力学学报, 2005, 22（2）: 227-231.

[87] Qiu Z P, Mueller P C, Frommer A. The new non-probabilistic criterion of

failure for dynamical systems based on convex models［J］. Mathematical and Computer Modelling, 2004, 40(1-2): 201-215.

［88］李永华，黄洪钟，刘忠贺. 结构稳健可靠性分析的凸集模型［J］. 应用基础与工程科学学报，2004，12（4）：383-391.

［89］Moens D, Vandepitte D. A survey of non-probabilistic uncertainty treatment in finite element analysis［J］. Computer Methods in Applied Mechanics and Engineering, 2005, 194(12): 1527-1555.

［90］Jiang C, Han X, Liu G R. Optimization of structures with uncertain constraints based on convex model and satisfaction degree of interval［J］. Computer Methods in Applied Mechanics and Engineering, 2007, 196(49): 4791-4800.

［91］Jiang C, Han X, Liu G R, et al. A nonlinear interval number programming method for uncertain optimization problems［J］. European Journal of Operational Research, 2008, 188(1): 1-13.

［92］赵子衡，韩旭，姜潮. 基于近似模型的非线性区间数优化方法及其应用［J］. 计算力学学报，2010（3）：451-456.

［93］Jiang C, Han X, Liu G P. A sequential nonlinear interval number programming method for uncertain structures［J］. Computer Methods in Applied Mechanics and Engineering, 2008, 197(49): 4250-4265.

［94］Chen Xuyong, Tang Chak-yin, Tsui Chi-pong, et al. Modified scheme based on semi-analytic approach for computing non-probabilistic reliability index［J］. Acta Mechanica Solida Sinica, 2010, 23(2): 115-123.

［95］孙天，陶友瑞. 基于非概率凸模型的某模锻水压机液压缸可靠性分析［J］. 机械科学与技术，2012，31（11）：1776-1780.

［96］Jiang C, Bi R G. Lu G Y, et al. Structural reliability analysis using non-probabilistic convex model［J］. Computer Methods in Applied

Mechanics and Engineering, 2013, 254(2): 83-98.

［97］ Dai Q, Zhou C, Peng J, et al. Non-probabilistic defect assessment for structures with cracks based on interval model ［J］. Nuclear Engineering and Design, 2013, 262: 235-245.

［98］ 李玲玲，张云龙，周贤，等. 基于区间分析的结构非概率可靠性模型 ［J］. 低压电器，2014，449（8）：1-3.

［99］ 亢战，罗阳军. 基于凸模型的结构非概率可靠性优化 ［J］. 力学学报，2006，38（6）：807-815.

［100］ Gurov S V, Utkin L V. System Reliability under Incomplete Information ［J］ (in Russian). St. Petersburg: Lubavitch Publishing, 1999.

［101］ Utkin L V, Gurov S V, Shubinsky I B. Reliability of systems by mixture forms of uncertainty ［J］. Microelectronics Reliability, 1997, 37(5): 779-783.

［102］ Guo S X, Lu Z Z. Hybrid probabilistic and non-probabilistic model of structural reliability ［J］. Journal of Mechanical Strength, 2002, 24(4): 524-526.

［103］ Du, X. P, Sudjianto A, Huang B. Reliability-based design with the mixture of random and interval variables ［J］. Journal of Mechanical Design, 2005, 127(6): 1068-1076.

［104］ Guo S X, Lu Z Z. Hybrid probabilistic and non-probabilistic model of structural reliability ［J］. J. Mech. Strength, 2002, 24(4): 524-526.

［105］ Cheng Y S, Zhong Y X, Zeng G W. Structural robust design based on hybrid probabilistic and non-probabilistic models ［J］. Jisuan Lixue Xuebao(Chinese Journal of Computational Mechanics)(China), 2005, 22(4): 501-505.

［106］ Du, X. P. Interval reliability analysis ［C］ //ASME 2007 International

Design Engineering Technical Conferences and Computers and Information in Engineering Conference. American Society of Mechanical Engineers, 2007: 1103-1109.

[107] Guo J, Du X. Reliability sensitivity analysis with random and interval variables[J]. International Journal for Numerical Methods in Engineering, 2009, 78(13): 1585-1617.

[108] Luo Y, Kang Z, Li A. Structural reliability assessment based on probability and convex set mixed model [J]. Computers & Structures, 2009, 87(21): 1408-1415.

[109] Jiang C, Han X, Liu G R. Optimization of structures with uncertain constraints based on convex model and satisfaction degree of interval [J]. Computer Methods in Applied Mechanics and Engineering, 2007, 196(49): 4791-4800.

[110] Hass M, Turrin S. A fuzzy-based approach to comprehensive modeling and analysis of systems with epistemic uncertainties [J]. Structural Safety, 2010, 32(6): 433-441.

[111] Mourelatos Z P, Zhou J. Reliability estimation and design with insufficient data based on possibility theory [J]. AIAA Journal, 2005, 43(8): 1696-1705.

[112] Zhou J, Mourelatos Z P. A sequential algorithm for possibility-based design optimization [J]. Journal of Mechanical Design, Transaction of the ASME, 2008, 130(1): 0110011-0110010.

[113] Bae H R, Grandhi R V, Canfield H. Sensitivity propagation using evidence theory[J]. Structural Analysis of Structural Response Uncertainty and Multidisciplinary Optimization, 2006, 31(4): 270-279.

[114] Luo Y, Kang Z, Li A. Structural reliability assessment based on

probability and convex set mixed model [J]. Computers & Structures, 2009, 87(21): 1408-1415.

[115] Chakraborty S, Sam P C. Probabilistic safety analysis of structures under hybrid uncertainty [J]. International Journal for Numerical Methods in Engineering, 2006, 70(4): 405-422.

[116] Dong Y G, Zhao Z Q. Fuzzy reliability analysis based on the FOSM method [J]. Journal of Hefei University of Technology, 2005, 28(9): 980-984.

[117] Ferson S, Tucker W T. Sensitivity analysis using probability bounding [J]. Reliability Engineering and System Safety, 2006, 91(10-11): 1435-1442.

[118] Wang Z L, Huang H Z, Li Y F, et al. An approach to system reliability analysis with fuzzy random variables [J]. Mechanism and Machine Theory, 2012, 52: 35-46.

[119] 何红妮, 吕震宙. 含模糊变量结构的可靠性分析方法 [J]. 机械强度, 2009, 31 (4): 609-614.

[120] Gao W, Song C, Tin-Loi F. Probabilistic interval analysis for structures with uncertainty [J]. Structural Safety, 2010, 32(3): 191-199.

[121] 尼早, 邱志平. 结构模糊区间可靠性分析方法 [J]. 计算力学学报, 2009 (4): 489-493.

[122] 尼早, 邱志平. 结构系统概率-模糊-非概率混合可靠性分析 [J]. 南京航空航天大学学报, 2010, 42 (3): 272-277.

[123] Stevenson J, Moses F. Reliability analysis of frame structures [J]. Journal of Structural Division. 1970, 96: 2409-2427.

[124] Moses F, Stahl B. Reliability analysis format for offshore structures [J]. Journal of Petroleum Technology. 1979, 40: 347-354.

［125］Ben-Haim Y. Non-probabilistic reliability of mechanical systems ［J］. IFAC Symposium on Fault Detection, Supervision and Safety for Technical Processes, 1994(1): 294-309.

［126］Ma H F, Ang H S. Reliability analysis of redundant ductile structural systems ［R］. Civil Engineering Studies: Structural Research Series No. 494. Ill: University of Illinois Urbana, 1981.

［127］Moses F. System reliability developments in structural engineering ［J］. Structural Safety, 1982, 1(1): 3-13.

［128］Thoft C P, Murostu Y. Application of Structural Systems Reliability Theory ［M］. Berlin: Springer-Verlag, 1986.

［129］Melchers R E. Structural Reliability Analysis and Prediction(Second Edition) ［M］. New York: John Wiley & Sons, 1999.

［130］Corotis R B, Nafday A M. Structural system reliability using linear programming and simulation ［J］. Journal of Structural Engineering, 1989, 115(10): 2435-2447.

［131］安伟光，蔡荫林. 冗余桁架结构的故障分析 ［J］. 哈尔滨船舶工程学院学报，1989，10（4）：479-485.

［132］安伟光，蔡荫林. 冗余度结构故障概率计算的一种方法 ［J］. 兵工学报，1992（2）：92-96.

［133］Hohenbichler M，R. ackwitz R. First-order concepts in system reliability ［J］. Structural Safety，1983，1（3）：177-188.

［134］董聪，杨庆雄. 冗余桁架结构系统可靠性分析理论与方法 ［J］. 计算结构力学及其应用，1992，9（4）：393-398.

［135］辛国顺，江根明. 一种有效的体系可靠度计算方法 ［J］. 山西建筑，2008，34（16）：76-77.

［136］Feng Y S. A method for computing structural system reliability with high accuracy [J]. Computers and Structures, 1989, 33(1): 1-5.

[137] Song B F. A numerical integration method in affine space and a method with high accuracy for computing structural system reliability [J]. Computer and Structures, 1992, 42(2): 255-262.

[138] Alfredo H-S Ang, Wilson H Tang. Probability concepts in engineering planning and design [M]. John Wiley and Sons, 1984.

[139] Ang A H, Amin M. Reliability of structures and structural syestems [J]. Journal of Engineering Mechanics Divison, 1968, 94: 671-691.

[140] Ditlevsen O. Narrow reliability bounds for structural systems[J]. Journal of Structural Mechanics, 1979, 7(4): 453-472.

[141] Bucher C G. Adaptive sampling-an iterative fast Monte Carlo procedure [J]. Strural Safety, 1988, 5: 119-126.

[142] Karamchandani A K. New method in system reliability [D]. PhD Dissertation of Stanford University. Supervisor: Cornell C A, 1990.

[143] Zienkiewicz O C, Campbell J S. Shape optimization and sequential linear programming [M]. Optimum Structural Design, 1973: 109-126.

[144] Pederson P, Cheng G, Rasmussen J. On accuracy problems of semi analytical sensitivity analysis [J]. Mechanics of Structures and Machines, 1989, 17(3): 373-384.

[145] Krenk S. Parametric sensitivity in first order reliability theory [J]. Journal of Engineering Mechanics, 1989, 115(7): 1577-1583.

[146] Karamchandani A, Cornell C A. Sensitivity estimation within first and second order reliability methods [J]. Structural Safety, 1992, 11(2): 95-107.

[147] Sitar N, Cawlfield J D, Der Kiureghian A. First-order reliability approach to stochastic analysis of subsurface flow and contaminant transport

[J]. Water Resources Research, 1987, 23(5): 794-804.

[148] 宋军, 吕震宙. 可靠性灵敏度分析的一种新方法[J]. 航空学报, 2006, 27 (5): 823-826.

[149] 张义民. 机械零件可靠性分析的参数灵敏度分析 [J]. 机械强度, 2003, 25 (6): 657-660.

[150] 张义民, 闻邦椿. 单自由度非线性随机参数振动系统的可靠性灵敏度分析 [J]. 固体力学学报, 2003, 24 (1): 61-67.

[151] 张义民. 任意分布参数的机械零件的可靠性灵敏度设计 [J]. 机械工程学报, 2004, 40 (8): 100-105.

[152] 张义民, 刘巧伶, 闻邦椿. 汽车零部件可靠性灵敏度计算和分析[J] 中国机械工程, 2005, 16 (11): 1026-1029.

[153] Zhang Y M, He X D, Liu Q L, et al. Reliability sensitivity of automobile components with arbitrary distribution parameters [J]. Proceedings of the Institution of Mechanical Engineers, Part D: Journal of Automobile Engineering, 2005, 219(2): 165-182.

[154] Zhang Y M, Yang Z. Reliability-based sensitivity analysis of vehicle components with non-normal distribution parameters [J]. International Journal of Automotive Technology, 2009, 10(2): 181-194.

[155] 张艳林, 朱丽莎, 张义民, 等. 机械强度可靠性灵敏度分析的拟蒙特卡罗法[J]. 东北大学学报(自然科学版), 2010, 31 (11): 1594-1598.

[156] 宋述芳, 吕震宙. 基于马尔可夫蒙特卡洛子集模拟的可靠性灵敏度分析方法 [J]. 机械工程学报, 2009, 45 (4): 33-38.

[157] 宋述芳, 吕震宙. 基于子集模拟和重要抽样的可靠性灵敏度分析方法 [J]. 力学学报, 2008, 40 (5): 654-662.

[158] 宋述芳, 吕震宙, 郑春青. 结构可靠性灵敏度分析的方向（重要）抽样法 [J]. 固体力学学报, 2008, 29 (3): 264-271.

[159] 龚顺风. 海洋平台结构碰撞损伤及可靠性与疲劳寿命评估研究 [D]. 杭州：浙江大学，2003.

[160] 沈照伟. 基于可靠度的海洋工程随机荷载组合及设计方法研究 [D]. 杭州：浙江大学，2004.

[161] Sharif Rahman, Xuchun Ren. Novel Computational Methods for High-Dimensional Stochastic Sensitivity Analysis [J]. International Journal for Numerical Methods in Engineering, 2013, 00: 1-35.

[162] Rahman S. Decomposition methods for structural reliability analysis revisited [J]. Probabilistic Engineering Mechanics, 2011, 26(2): 357-363.

[163] Rahman S. A polynomial dimensional decomposition for stochastic computing [J]. International Journal for Numerical Methods in Engineering, 2008, 76(13): 2091-2116.

[164] Rahman S. Extended polynomial dimensional decomposition for arbitrary probability distributions [J]. Journal of Engineering Mechanics-ASCE, 2009, 135(12): 1439-1451.

[165] Rahman S. Statistical moments of polynomial dimensional decomposition [J]. Journal of Engineering Mechanics-ASCE, 2010, 136(7): 923-927.

[166] LI G, ZHANG K. A combined reliability analysis approach with dimension reduction method and maximum entropy method [J]. Structural and Multidisciplinary Optimization, 2011, 43(1): 121-143.

[167] 孟广伟，冯昕宇，李锋，等. 基于降维算法和 Edgeworth 级数的结构可靠性分析 [J]. 北京航空航天大学学报，2016（3）：421-425.

[168] ZHANG X F, PANDEY M D, ZHANG Y M. A numerical method for structural uncertainty response computation [J]. Science China Technological Sciences, 2011, 54(12): 3347-3357.

[169] Beyer W H. CRC standard mathematical tables [J]. West Palm Beach,

Fl: Chemical Rubber Co., 1978, 25th ed., edited by Beyer, William H, 1978.

［170］张晓东. 基于 H-L 法的涡轮转子叶片可靠度分析［J］. 舰船科学技术，2013（9）：80-82.

［171］李国强，李继华. 二阶矩矩阵法关于相关随机向量的结构可靠度计算［J］. 重庆建筑工程学院学报，1987，1：56-67.

［172］陈予恕，丁千. C-L 方法及其在工程非线性动力学问题中的应用［J］. 应用数学和力学，2001（02）：127-134.

［173］ALWYN VAN DER MERWE. Maximum Entropy and Bayesian Methods: Cambridge, England, 1988［M］. Springer Science & Business Media, 2013.

［174］Roux B, Weare J. On the statistical equivalence of restrained-ensemble simulations with the maximum entropy method［J］. The Journal of Chemical Physics, 2013, 138(8): 02B616.

［175］Momma K, Ikeda T, Belik A A, et al. Dysnomia, a computer program for maximum-entropy method(MEM)analysis and its performance in the MEM-based pattern fitting［J］. Powder Diffraction, 2013, 28(03): 184-193.

［176］Fernandez J E, Scot V, Di Giulio E. Spectrum unfolding in X-ray spectrometry using the maximum entropy method［J］. Radiation Physics and Chemistry, 2014, 95: 154-157.

［177］Sui X H, Wang H T, Tang H, et al. Quasiparticle density of states by inversion with maximum entropy method［J］. Physical Review B, 2016, 94(14): 144505.

［178］Shigemitsu Y, Ikeya T, Yamamoto A, et al. Evaluation of the reliability of the maximum entropy method for reconstructing 3D and 4D NOESY-type

NMR spectra of proteins [J]. Biochemical and biophysical research communications, 2015, 457(2): 200-205.

[179] Di Maio F, Nicola G, Zio E, et al. Finite mixture models for sensitivity analysis of thermal hydraulic codes for passive safety systems analysis [J]. Nuclear Engineering and Design, 2015, 289: 144-154.

[180] Karvanen J, Eriksson J, Koivunen V. Pearson system based method for blind separation [C] //Proceedings of Second International Workshop on Independent Component Analysis and Blind Signal Separation(ICA2000), Helsinki, Finland, 2000: 585-590.

[181] Craig C C. A new exposition and chart for the Pearson system of frequency curves [J]. The Annals of Mathematical Statistics, 1936, 7(1): 16-28.

[182] An B G, Fotopoulos S B, Wang M C. Estimating the lead-time demand distribution for an auto correlated demand by the Pearson system and a normal approximation [J]. Naval Research Logistics(NRL), 1989, 36(4): 463-477.

[183] Andreev A, Kanto A, Malo P. Computational examples of a new method for distribution selection in the Pearson system [J]. Journal of Applied Statistics, 2007, 34(4): 487-506.

[184] SU G, YU B, XIAO Y, et al. Gaussian Process Machine-Learning Method for Structural Reliability Analysis [J]. Advances in Structural Engineering, 2014, 17(9): 1257-1270.

[185] Guruacharya S, Tabassum H, Hossain E. Saddle point approximation for outage probability using cumulant generating functions [J]. IEEE Wireless Communications Letters, 2016, 5(2): 192-195.

[186] Morales-Técotl H A, Orozco-Borunda D H, Rastgoo S. Polymer

quantization and the saddle point approximation of partition functions ［J］. Physical Review D, 2015, 92(10): 104029.

［187］ 李世军. 非概率可靠性理论及相关算法研究 ［D］. 武汉：华中科技大学，2013.

［188］ 赵楠. 基于嵌入式平台的感应电机高性能控制系统的研究 ［D］. 沈阳：沈阳工业大学，2011.

［189］ 孙文彩，杨自春，唐卫平. 随机和区间混合变量下结构可靠性分析方法研究 ［J］. 工程力学，2010（11）：22-27.

［190］ 贺帅磊. 格构式臂架 3S 可靠性分析方法研究 ［D］. 太原：太原科技大学，2014.

［191］ 李建操. 结构系统可靠性分析的若干问题研究 ［D］. 哈尔滨：哈尔滨工程大学，2013.

［192］ 卢昊，张义民，黄贤振，等. 多失效模式典型结构系统可靠性稳健设计方法研究 ［J］. 工程力学，2011，28（8）：226-231.

［193］ 姜潮，李文学，王彬，等. 一种针对概率与非概率混合结构可靠性的敏感性分析方法 ［J］. 中国机械工程，2013，24（19）：2577-2583.

［194］ 张俊珍. 日本落叶松胶合木螺栓节点承载性能分析 ［D］. 北京：中国林业科学研究院，2013.

致　谢

时光荏苒，岁月如梭，本书的创作即将结束，内心百感交集。在此谨向所有关心、支持并帮助过我的朋友们表示诚挚的感谢与祝福！

衷心感谢我的博士生导师孟广伟教授，尽管孟老师承担着艰巨的科研任务，肩负着繁重的行政职务，但他时刻关心着我的学习与生活。无论从课题的研究还是论文的撰写，都倾注了大量的心血。孟老师正直谦逊的人格品德，博大精深的专业知识，平易近人的领导魅力，求真务实的工作作风，热情宽厚的长者风范，都使我受益匪浅，让我深深敬佩！在此我向孟老师表达真心的感谢！

衷心感谢我的硕士生导师李锋副教授，本书是在李老师的严格要求下完成的。李老师对我大到研究方向与论文选题的把关，小到公式的校对与言语措辞及标点符号的使用，都给予了认真的指导。我不但在学术上获益颇丰，而且李老师谦虚热情的待人态度，诲人不倦的敬业精神，不断拼搏进取的创新精神，都是我学习的楷模，言传胜于身教，给予了我极大的激励与启迪。正是李老师在学习上的鼓励和生活上的帮助，才使得我顺利地完成学业。我将终生铭记李老师的恩情。

感谢周立明副教授，对我论文的指导与修改都投注了大量的精力。感谢给予我关心和帮助的工程力学系老师们。

感谢郝岩博士、李广博博士、李霄琳博士、孙作振博士、王晖博士、沙丽荣博士、蔡妍博士、韩愈博士、冯亚杰硕士、曹建硕士、朱盼盼硕士、刘新楠硕士、王磊硕士、孙晨凯硕士、顾帅硕士、曹斌硕士、徐海搏硕士、李荣佳硕士、魏彤辉硕士等在我博士期间给予的学术上的帮助与精神上的鼓舞！尤其感谢郝岩和李广博师兄在我读博期间的支持与鼓励！在与同门师兄弟的学习和生活过程中，与大家结下的深厚友谊是我一生的宝贵财富！没有他们作为我的坚实后盾，就不会有我现在的成绩。

衷心感谢父母！在我的求学期间，你们在生活方面，给予我悉心的照料；在精神方面，给予我最大的理解与支持，包容着我成长过程中所有的任性。感谢你们这么多年不辞辛苦的工作与默默的付出！你们辛苦了！

最后，再次衷心感谢所有关心和支持我的各位领导、老师、亲人、朋友，感谢他们在我漫漫求学路上给予我的理解、激励和支持，谨以此书来传达我对他们的感谢之情。